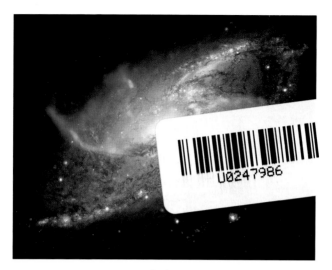

彩图 1

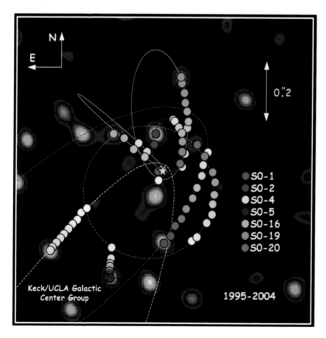

彩图 2

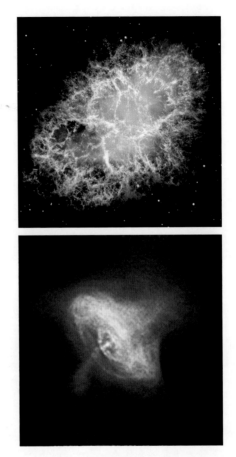

彩图 3

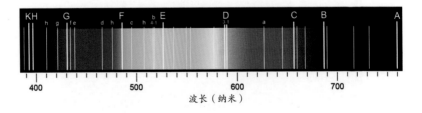

彩图 4

彩图 5

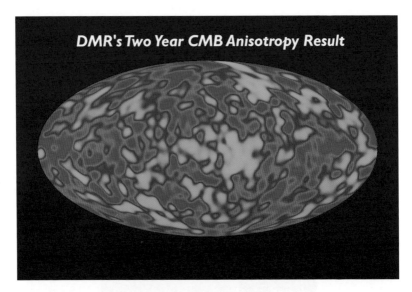

彩图 6

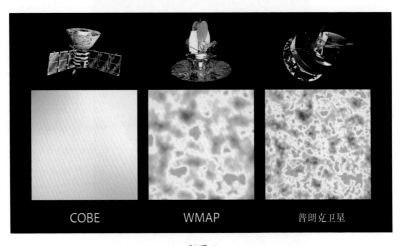

彩图 7

科学新经典文丛

Mapping the Heavens:
The Radical Scientific Ideas That Reveal the Cosmos

宇宙新图景

揭示宇宙奥秘的变革式理念

[印] 普里亚姆瓦达·那塔拉印（Priyamvada Natarajan）/ 著

涂泓 冯承天 / 译

人民邮电出版社

北京

图书在版编目（ＣＩＰ）数据

宇宙新图景 ：揭示宇宙奥秘的变革式理念 / （印）
普里亚姆瓦达·那塔拉印（Priyamvada Natarajan）著 ；
涂泓，冯承天译. -- 北京 ：人民邮电出版社，2017.10
（科学新经典文丛）
ISBN 978-7-115-46490-3

Ⅰ. ①字… Ⅱ. ①普… ②涂… ③冯… Ⅲ. ①宇宙学
Ⅳ. ①P159

中国版本图书馆CIP数据核字(2017)第190761号

版权声明

◆ 著　　　[印]普里亚姆瓦达·那塔拉印
　　　　　　（Priyamvada Natarajan）

　　译　　　涂　泓　冯承天

　　责任编辑　刘　朋

　　责任印制　陈　犇

◆ 人民邮电出版社出版发行　　北京市丰台区成寿寺路 11 号
　　邮编　100164　电子邮件　315@ptpress.com.cn
　　网址　http://www.ptpress.com.cn
　　大厂聚鑫印刷有限责任公司印刷

◆ 开本：880×1230　1/32
　　印张：8.875　　　　　　　2017 年 10 月第 1 版
　　字数：190 千字　　　　　2017 年 10 月河北第 1 次印刷
　　著作权合同登记号　　图字：01-2016-5101 号

定价：45.00 元

读者服务热线：(010) 81055410　印装质量热线：(010) 81055316
反盗版热线：(010) 81055315
广告经营许可证：京东工商广登字 20170147 号

内容提要

千百年来，人们一直试图破解宇宙的奥秘以及理解我们身在其中的位置，一代代科学家和哲学家为此付出了巨大的努力和代价。尤其是在过去的数百年间，我们对于宇宙的认识发生了极为显著的变化，人类的目光逐渐超越了太阳系、银河系，直至宇宙的边缘。

在这本书中，耶鲁大学的宇宙学和物理学教授普里亚姆瓦达·那塔拉印带领我们追溯了人类探索宇宙的历程，生动地展示了宇宙膨胀、黑洞、暗物质、暗能量、宇宙微波背景辐射等变革式理念的产生、碰撞以及最终确立，并介绍了人类在探索地外生命方面所做的探索和努力。这些科学进程从根本上扭转了我们对世界的看法，因而改写了我们是谁、我们来自哪里以及我们要去向哪里这些问题所特有的含义。我们从中不仅可以了解到人类关于宇宙的最新认识，而且能够体会到科学的曲折发展历程。

献给妈妈和爸爸。

译者序

　　凡是与本书作者那塔拉印接触过的人都会被她对于天文学的兴趣和热情所感染，也会对她在天文学方面所展示出的天赋留下深刻印象。无论是在暗物质、暗能量、黑洞、引力透镜等多方面的科学研究中还是在天文学普及活动中，她都全身心地投入，并且做到了得心应手、游刃有余。听那塔拉印谈论天文学，就会深深地感受到她在做的事情是她最热爱也是最擅长的。正因为如此，她的天文学知识不仅深厚、广博，而且融合了她自己的独特见解。有这样坚实的知识背景和深入的思考作为基础，本书可谓是厚积薄发，从科学、历史、技术、人文等多个层面描绘了天文学中的各种变革性理念，这些层面彼此交织而又清晰有序，这正是本书的独到之处。

　　在科学层面上，本书在不借助于任何一个公式的情况下，深入浅出地介绍了黑洞、暗物质、宇宙加速膨胀、宇宙微波背景辐射等一般大众只知其名而不知其实的天文学知识。这并不意味着作者对这些概念只做了名词解释性的介绍，而是凭靠着她深厚的专业知识，并借助于丰富的资料及比喻、图像等手段，精准地为我们抽丝剥茧，

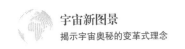
帮助我们自己去理解和发现。无论读者原来对于千丝万缕的宇宙和天文学知识有多少了解，通过阅读本书都会有新的收获。

在历史层面上，本书将天文学中的变革性理念渗透在天文学发展的进程中。一方面，黑洞、大爆炸等名词的来源背后所隐藏的历史故事使我们更容易理解这些物理过程的原理，也大大增强了本书的可读性。另一方面，我们以前可能零星地听到过天文学新理念如何遭到抗拒、提出这些新理念的天文学家们又如何遭到迫害的故事，但将两者如此系统地联系起来看时，我们再次对这些理念的变革性之彻底、得到接受的历程之艰辛感到震惊。

技术层面上的观测手段的进步是本书在阐述天文学理念的过程中的一条重要的辅线。天文学从来就是一门以观测为基础的科学，现代天文学更是越来越依赖于高精度的观测，尤其是在我们进入精确宇宙学时代的今天，可以说任何一点科学上的进步都建立在大量数据的基础之上，而这些数据背后是大口径天文望远镜、大型巡天项目、高精度测光等技术手段的日新月异，有些大型观测项目需要集数国之力才能完成。由此作者让我们看到了天文学不那么浪漫的、更加实际的方面，但这正是以前被人们所忽视而现在亟须引起重视的。

人文层面则是贯穿本书的背景，天文学可以说是所有自然科学中最具有人文色彩的一门。观乎天文以察时变，观乎人文以化成天下。在人类文化的哲学、政治、宗教、艺术中都能看到天文学的存在。17 世纪就出现了以多元宇宙为主题的雕刻作品；《神曲》中的恒星系统与托勒密的假定如出一辙；莎士比亚和雪莱的剧本、诗歌里也频频提到恒星；甚至最早提出运动宇宙理念的，竟然是短篇小说的先锋人物埃德加·爱伦·坡。作为一位女天文学家，作者还特别关注了女性对天文学所做的贡献。此外，本书也毫不避讳因科学家的个人原因而对天文学进展所起过的负面作用，作者对这一憾事发出了自己的感慨。

本书是一本优秀的天文学科普读物，但又不仅限于此，其中有天文学知识、历史背景、现象背后隐藏的原因，以及发人深省的领悟。不同层次的读者都能从中有所得益，这使本书产生了独特的魅力，值得一读再读。

目　　录

前　言

在过去的数百年中，我们对于宇宙所描绘的分布图发生了极为显著的改变。1914 年，我们自己所在的星系——银河系就构成了整个宇宙，它孤单、停滞而渺小。当时的宇宙学研究仍然从根本上依赖于在 17 世纪建立起来的经典引力概念。现代物理学，加上广义相对论所获得的成功，改变了人类对于空间和时间的整个理解。如今，我们将宇宙视为一个正在以某一加速度发生膨胀的动态场所，而宇宙的主要神秘构成成分——暗物质和暗能量是看不见的。而余下的部分，包括元素周期表中的所有元素，即构成恒星和我们的物质，仅占宇宙这个大库的 4%。我们证实了存在着绕其他恒星做轨道运动的行星。我们对于是否存在其他的宇宙提出了质疑。这是非凡的科学进展。

宇宙学不仅转变了我们对于宇宙的概念，还改变了我们在其中的地位，它所引起的这些变化可能比任何其他学科都更为本质。为我们自己定位，并对自然现象做出解释，这种需要看似从原始时代就有了。各种不同文化中的古老创世神话都有着一些惊人的相似之处，并帮助人们去应对那些暴烈自然现象的无常变化。这些超自然的解释唤起了人们对于难以觉察到然而更为强大的现实的一种信念，此外它们还深深地仰仗我们对于自然界所贯注的好奇心。复杂的人类想象力使古代文明能够想象那些并不直接呈现，但依然感觉真实的实体。以苏美尔人[1]的水神恩基为例，他的狂怒解开了洪水的缰绳；又如印度教的雨雷之神因陀罗，他的弓就是横跨在天空中的彩虹，而闪电就是他的箭。最有影响力的那些神话迫使我们发挥巨大的想象力，同时却又帮助我们保持着自己的根源。

作为一个在印度长大的孩子，我也感受到在这个世界中为自己定位的欲望。我的第一位向导是《大英百科全书》（Encyclopaedia Britannica）。静置在父母书架上的那第 15 版 32 卷本对我而言，就代表着当时已知的一切知识。我像着了魔一般埋首于那些古老的地图（这些地图引导过探险航程）和天空分布图。恒星使我惊呆了。我个人的制图经历也让我第一次尝到了科学研究的滋味。我在一台 Commodore 64 计算机上编程，为一家全国性报纸写代码，每月制成一幅德里上空的的天空分布图。我对发现和探索这一理念的挚爱由此开始。在麻省理工学院[2]就读本科的那几年中，我学习了物理学、数学和哲学。接下去，我的好奇心又导致我在麻省理工学院研读研究生课程"科学技术与社会"，随后漂洋过海去了剑桥大学[3]攻读天

[1] 苏美尔人是历史上两河流域（幼发拉底河和底格里斯河中下游）早期的定居民族，苏美尔文明是美索不达米亚文明中最早的文明体系，也是全世界最早产生的文明。——译注
[2] 麻省理工学院（Massachusetts Institute of Technology，MIT）是位于美国马萨诸塞州剑桥市的一所私立研究型大学，成立于1861年。——译注
[3] 剑桥大学是位于英国剑桥的一所研究型联邦制大学，是英国历史上第二悠久的大学，其前身是1209年成立的一个学者协会。——译注

体物理学博士学位。现在，作为一名活跃的科学家，我不断利用自己在科学史和科学哲学方面接受过的智力训练，来更深刻地反映科学发现的进程以及它如何塑造我们所创造的知识。

我作为一名理论天体物理学家的研究，就其核心而言，是去描绘暗物质以及理解黑洞的形成，而其背后的驱动力是对宇宙的好奇心以及对其一探究竟的求索，古人们对于这些很可能也都同样感受过了。我现在仍然忙于探索地图的意义，以及它们是如何帮助我们像锚一般锁定我们的位置的。这些是当我还是德里的一个小女孩时最初激起我兴趣的事情。我的研究利用来自遥远星系的光线所发生的弯曲（即引力透镜）来描绘导致发生这些光线偏折的、看不见的暗物质分布。我还研究宇宙中最奇异、最神秘的天体黑洞的形成和演化。目前，我正在参与有史以来最大、最具创新性的分布图绘制行动之一："哈勃前沿视场计划"。这个项目的目标是要更加深入地窥视遥远的宇宙，并以前所未有的精度描绘暗物质的分布。2014年至2017年间，哈勃空间望远镜上运载的几台望远镜为这项计划的开展投入了很大一部分观测时间。这些独一无二的数据会提供更宏大的宇宙分布图，而我当然也就是为此贡献力量的众多研究者之一。许多新的、激动人心的发现即将出现。如同先于我们的一代代科学家一样，我们也许会发现自己面对着完全重新思考现状的挑战。

尽管讲述宇宙学各种发现史的书籍很多，但是本书的目标是要说明各种科学理念是如何经过研发、检验、争论，并最终得到接受的。你肯定不需要是一位天体物理学家才能听懂这个故事，而我按照时间顺序记载的这些例子虽然是宇宙学方面的，但其用意是要阐明科学研究及发现中那些宽泛得多的趋势。特别地，我追溯了不断重塑

3

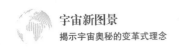
着我们的宇宙分布图的那些根本的科学发展理念。我发现这些理念
从默默无闻到被接纳的过程深深令人着迷。在宇宙学中，分布图的
绘制和重新绘制常常就反映了这一过程，留下了制图学上的印迹。
我们对于宇宙的看法所发生的那些翻天覆地的转变，要求对我们在
过去一个世纪中形成的那些知识构成图进行彻底检修。不过，接受
新概念的过程并不是一帆风顺或者一蹴而就的，而是总在受到质疑。
由于科学家们向那些对宇宙的主流理解提出了种种异议，我们的世
界观和隐喻中的地图都无休止地发生着改变，因而要求我们予以适
应并乐于变化。

这是一个关于那些非凡的想象力飞跃的故事，关于那些受到发
现和数据的助燃而产生的变革式新理念的故事。一种理念得到接受
的历程揭示出科学的许多其他方面——情绪的、心理的、个人的和
社会的，这些维度的延伸超越了对于知识的纯智力求索。这种观点
与一般流行的看法相反，后者认为科学是致力于从自然界获取确定
真理的、完全客观的研究者们所开展的不偏不倚的探究。事实是，
科学终究是一种人类的活动力，因此其中掺和着主观成分。

科学界中的争议和分歧是研究工作的一个不可或缺的组成部分，
并且这些论战具有启发性的原因正是它们向我们（以高浮雕般的鲜
明形式）明示了新理念如何经过奋斗才最终获得认可。为了这一目
的，我会细查宇宙学家群体中产生争论的原因是什么，以及这些争
论是如何解决的。这样的争论从来没有休止过，并且这种不断持续
的交战是科学的无常本性所固有的。科学思维在训练期间经受磨砺
而变得敏捷，而科学实践则每天都在测试这种敏捷性。这就为科学
家们打了预防针，以免在强势的新数据和新证据要改变当前最好的

理解时受到令人顿失方寸的冲击。我会明示宇宙学家们是如何应对这些频繁发生的转变的，以及如何通过创造性地驾驭好奇心和惊异感的力量重新组装他们的知识构成图。

正是这些新理念和新仪器的强强联合才改变了我们对于宇宙的认知。以摄谱仪的发明为例，这种仪器将光按其组成频率进行分离，从而允许我们对那些遥远恒星的化学成分进行远距离研究；高倍望远镜和高灵敏度照相机提供了不可思议的高分辨率图像；计算机能够储存和处理海量数据。所有这些触发了这一代新理念，并使科学家们能够检验它们的正确性。

在过去的几十年中，研究者们利用复杂精巧的卫星和探测器探测到了更遥远的空间和更古老的过去。我们已经描述了以电磁辐射形式存在的遗迹，这带领我们可望而不可及地靠近创世的瞬间——大爆炸。而在我们自己的后院里，我们也观察到了围绕着我们太阳系以外的那些邻近恒星沿轨道运行的 1000 多颗行星。

在壮丽的夜空中，我们曾由那些固定不动的恒星获得安慰，这些光点自远古以来就被断定按时此升彼落。1718 年，第二位英国皇家天文学家埃德蒙·哈雷[1]发现这些恒星事实上发生了移动，并且它们的位置随着时间而改变。例如，天狼星、大角星和毕宿五这几颗恒星都远远偏离了古希腊天文学家喜帕恰斯[2]在大约两千年前记录下的位置。这些固定不动的恒星似乎都在游离了。

这种令人迷惘的发现在宇宙学中是很常见的，而对于正在膨胀

---

[1]　埃德蒙·哈雷（1656—1742），英国天文学家、地理学家、数学家、气象学家和地质物理学家，曾计算出哈雷彗星的公转轨道。——译注
[2]　喜帕恰斯（约公元前190—前125），或译作依巴谷，古希腊天文学家。他编制了有1025颗恒星的星图，创立了星等的概念，并发现了岁差现象。——译注

及加速的宇宙，我们目前的理解也同样颠覆了我们原来静态平衡的意识。这一切都开始于 1543 年，当时尼古拉·哥白尼[1]将轴心从地球转移到了太阳，从而永远地改变了我们在今日所谓的太阳系中的位置，但这个太阳系在当时构成了整个宇宙。不再固定不动的恒星导致了一些更大的改变。20 世纪 20 年代，天文学家埃德温·哈勃[2]先是发现了其他遥远的星系，从而证明银河系只不过是许多星系中的一员，随后又发现了宇宙正在膨胀的证据。他的这些发现使整个宇宙从此漂泊无依。如今，我们拥有数百万星系的图像和数据，其中许多星系距离如此之远，以至于我们所看到的光线是它们在宇宙初期发出的，那时的宇宙年龄只有 10 亿年，仅仅是今日宇宙年龄 138 亿年的一个零头。此类故事构成了一个更宏大的故事的一个组成部分：在过去的 100 年中，我们是如何在宇宙学中得出一些最令人瞩目的理念的，以及这些理念是如何受到青睐的。科学的人性面充斥着个人竞争、欲望野心的冲突和追名逐利，结果对于许多发现既起了阻碍作用也有推进作用。当我们面临巨变时，人类对于安全的渴望以及对于现状的保护就开始运作起来。这种停滞不前的本能影响着我们对于那些变革式新理念的反应，并阻碍我们去接受那些对于根深蒂固的世界观的修正。科学家们也不例外，他们常常拒绝改变，直到令人信服的证据出现时才能被说服。

宇宙受到诸如艾萨克·牛顿的引力概念这样的普适规律支配，

[1] 尼古拉·哥白尼（1473—1543），波兰数学家、天文学家，提出日心说模型。1543年他临终前发表的《天体运行论》（De revolutionibus orbium coelestium）被认为是现代天文学的起点。——译注
[2] 埃德温·哈勃（1889—1953），美国天文学家。他证实了银河系外其他星系的存在，并发现了大多数星系都存在红移现象，创立了哈勃定律，这是宇宙膨胀的有力证据。——译注

如钟表装置般有规律，这种见解很快得到接受是由于这一图像强化了一个稳固的、定态的宇宙。牛顿的那些发现虽然十分新颖，却使我们的根扎得更牢，并提供了一种被固定的感觉。哥白尼的宇宙以太阳为中心这一革命性发现尽管在某些地区曾相当强烈地遭到过对抗，但最终还是得到了广泛的接受，这是因为它保留着我们的宇宙固定不变的概念，而仅仅是将焦点从我们自己重新安置到中心处的太阳。

20 世纪和 21 世纪的颠覆性宇宙学大发现包括：膨胀的宇宙、暗物质、黑洞、大爆炸模型、加速宇宙和围绕着其他恒星的许多行星及行星系统。这些发现开启了一扇大门，通往一个永恒变化不定的宇宙，我们在那里既独一无二，同时于这幅宏大蓝图之中却又在许多方面显得无足轻重。

我追溯这些令人深感迷惘的理念从构想到被接受的过程，其中着重强调它们的意外突破和峰回路转，并历数它们对我们不断演化的世界观所造成的不可磨灭的、变革性的影响。从一个固定的、静态的宇宙到一个完全不固定的宇宙，这些革命性的转变要求对我们的宇宙观进行持续不断的全面检修和重塑。就其本质而言，宇宙学中取得的这些进展使我们从此信马由缰。这类重构式的科学发现无论是经过深思熟虑得来的还是偶然为之，结果常常会引致不适感，甚至对于发现者本人也是如此。科学家们如何逐渐接受新理念并改写他们的知识构成图？这不仅揭示了科学是如何运作的，还为是什么催化了这些信仰转变提供了一些洞见。将科学解释为一种从自然界获得永恒真理的客观方法，这种经过净化的叙述排除了驱动我们科学家的那些情绪和热情。最能表明这份职业内在无常性的是这样

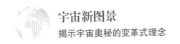

一个事实：科学进展间歇性地发生，将我们引至那些预料之外的、起初高深莫测的地方。我借鉴科学不断变化的实践过程来解密这种复杂的、令人振奋的过程。我们现在正处在大科学时代，这代表着人类智力资本和其他资源的巨大投入，由大型团队和许多技术娴熟的研究者共同行使职责。研究活动规模的改变转换了所有科学家的工作方式，其中也包括宇宙学家。

以斯隆数字化巡天协作项目为例，其目标是为全天的三分之一提供详细的三维分布图，此项目依靠一个由来自全球各地40多个研究机构的数百位科学家组成的团队。虽然宇宙学方面的研究协作项目规模不及参与者动辄上千的实验粒子物理学，但是天文学也已见证了剧变：仅仅30年前由两三个人进行小组合作研究的情况还不常见。随着宇宙学的成熟，由于日益精密的仪器和技术的推动作用，科学家们和研究工作都需要更多资源。研究模式及所配置仪器复杂性的巨大变革也引发出各种新的跨学科领域，例如位于天体物理学和粒子物理学分界线上的天体粒子物理学。这种规模和文化上的转变的意义在于，顶着一头蓬乱头发的孤寂男性科学家披荆斩棘独自探求，这样的比喻与以往任何时候相比都不再显著。如今这个大科学造就的大数据时代有潜力加速发现过程，并更加快速地驱逐那些已经确立的解释，与此同时也改变着科学家们可以提出和研究的那些问题的本质。

我们生活在一个理解科学如何运作的关键时期。我相信，如果对于科学家们如何开展研究及处理不确定性有一种更加精确的看法，就会对科学本身的性质提供更强的理解。研究显示，大部分公众的知识储备不良，没有能力应对科学研究而给出明智的意见，因为科学家们已变得越来越可疑。复杂的身份政治无理性地弥漫在信仰之中。人类心理学在接受改变方面起着重要的作用。我们对于变化的态度在深层次上是与我们的自我意识相联系的。在一个由科学技术的加速进展触发疯狂步伐而迅速变化的世界中，我们有一种自然的倾向，要坚持某种稳定感，要相信这样的稳定性会为我们的生活赋予含义。近期在公共领域中发生的许多讨论都排斥科学发现，将它们定名为"只是一种理论而已"，仿佛这是一种缺陷。然而，科学之美就在于，尽管一种理论总是暂定的，但它代表的是我们在任何时候所具有的最佳证据和解释。科学虽然容易发生修正，却是基于可复制证据的，这就使科学的解释具有高于其他一切可能解释的特权。

理解科学思想的力量及其暂定性质是我们这个时代所面临的挑战之一，在接下去的篇幅中，我会为天文学复杂而无常的一面提供一种宇宙学家的看法。这些故事强调的是杰出的科学家们自己如何经历反复挣扎才接受了那些变革式的新理念，以及他们最终是如何对它们深信不疑的。我希望本书会帮助你理解（或者再次夯实你的理解）：尽管科学作为一种人类的努力并不是完全客观的，但它仍然为衡量证据及理解自然界提供了最佳处方。科学也许是变化不定的、不完备的，但也在进行自我校正。科学是我们在这个奇妙的宇宙中航行并理解它的最佳手段。几个世纪以来，科学帮助我们描绘出我们与自然之间的关系，并且如同任何一幅好的地图那样，也为我们指明了前进的方向。

第1章　早期宇宙分布图

起初，人类用于观测宇宙的唯一工具只有他们的眼睛。控制着他们如何做出解释的是神话而不是科学，并且他们将制约着行星和恒星的那些看不见的、神秘的、超人类的力量都归因于上帝的行为。当这些古人仰望天空时，他们寻求的不仅是实用性，还有可预测性；而且与我们现今的做法十分相似，他们也记录下他们所创造出的那些宇宙学。他们绘制宇宙分布图。

记录天空的最早图像之一是一片锤制而成的铜金板，其制作时间大约在公元前 2000 年到公元前 1600 年之间，这是青铜时代优涅提斯文化[1]的一部分。这片金属板是在德国东部的萨克森－安哈尔特地区发现的，它上面雕刻的似乎是太阳（或满月），另外还有一个月牙和一些恒星。在我们现代人看来，它也具有昴宿星团的特征。这是很有可能的，因为裸眼可以在夜空中清晰地看到这个引人注目的星团。这个金属盘也许是某种观测笔记，随着时间推移不断记录新的信息。有这样的一条增补信息：沿着边缘分布的两条金色圆弧

---

[1]　优涅提斯文化是中欧青铜时代初期的一支考古文化，位于现捷克共和国中部。——译注

看起来似乎标记的是夏至和冬至这两天的日落位置，由此列出了显示一年中最长的一天和最短的一天之间的太阳位置。另一条信息是圆盘底部的一条圆弧，从弧上呈放射状发出多条直线段。对这条弧存在着各种各样的解释：银河、彩虹或者携带着许多桨的太阳驳船（这是神话中运载太阳的工具）。对于当时如何使用这一物件，我们几乎一无所知。不过我们可以推测，使用它的那些人会以某种方式将地球上发生的事情与天空中发生的事情联系起来。

内布拉星象盘（公元前2000—前1600）是青铜时代优涅提斯文化的一件人工制品，1999年在德国的萨克森–安哈尔特地区发掘出土。（图片由遗产管理和考古学州办公室的尤拉伊·利普达克提供。）

我们还知道，大约900年后仰望天空的巴比伦[1]人是富有经验的天文学信息记录者。19世纪的英国考古学家奥斯丁·亨利·莱亚德[2]和他的那支探险队的目的在于发掘《圣经》中记载的那些美索不达米

---

[1]　古巴比伦位于今天的伊拉克一带，是两河流域文明的重要组成部分，与中国、古埃及、古印度一并称为四大文明古国。——译注
[2]　奥斯丁·亨利·莱亚德（1817—1894），英国考古学家、楔形文字专家、艺术史学者、绘图家、收藏家、作家及外交官。——译注

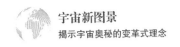

亚[1]的伟大城市。他们挖掘和发现了大量精心绘制成表格的天文学数据。他们的发现包括美索不达米亚人编制和按年代顺序记录下的更加古老的观测复件。莱亚德和他的团队在现今的伊拉克地区发掘出了数千块楔形文字泥板，其中隐现着一份记录金星观测数据的文档[2]。

金星泥板（公元前7世纪），被认为是一段更长的巴比伦占星术文本《当天神安努与恩里勒》（*Enuma Anu Enlil*）的组成部分。这一文本将各种现象与预兆联系在一起。（版权所有者：大英博物馆理事会。）

考古学家们认为，金星泥板制作于阿米萨杜卡国王在位期间，有数百份文件揭示出巴比伦人记录天文学数据的广度，而它只是其

[1]　美索不达米亚是古希腊人对两河流域的称谓，这两条河指的是幼发拉底河和底格里斯河，在两河之间的美索不达米亚平原上产生和发展起来的古文明称为两河文明或美索不达米亚文明。它大体位于现今的伊拉克，其存在时间从公元前4000年到公元前2世纪，是人类最早的文明之一。——译注

[2]　关于莱亚德的这些发现的详细描写，可参见他在《尼尼微发现通俗演义》（*A Popular Account of Discoveries at Nineveh*, New York: Derby, 1854）一书中的自述。顺带提一下，纽约大学的巴比伦藏品集中保存着4万块这样的楔形文字泥板。这是世界上第四大古代美索不达米亚楔形文字泥板藏品集。——原注

中之一。金星泥板上的楔形文字说明如下：巴比伦人能够分辨出闪烁的恒星和呈现为一个稳定亮点的行星这两者之间的区别。他们知道存在着 5 个这样的游荡不定的亮点，它们的运行是与恒星分离的。"planet"（行星）这个英语单词反映出了这种最早的描述，它源自希腊语 "planētai"，意为"漫游者"。相对于其他恒星，有一个天体每晚自西向东运行。最奇怪的事情是，它每两年左右会完全逆行大约 9 天时间，然后又切换回到它向东的旅程。巴比伦人记录下这个天体及其怪异的逆行行为。我们现在明白金星的这种表观上的运动是这颗行星与我们所在的行星联合运动的结果：当地球和金星在它们各自围绕太阳的路径上相互经过时，金星看起来像是在天空中后退。巴比伦人寻求有序性，因此对这颗微红行星进行了详细观测和记录，其中包括它不同寻常的回朔。可以出现在天空中任何地方且只在消失在黑暗中之前短暂可见的彗星被视为厄运的前兆，预示着地球上将发生灾难。从他们详细记录在案的关于夜空中天体运动的记载可以明显看出，许多古代文明都注意到了星空有规律性，并力图预测星体未来的位置。成功地做到这一点很可能有助于他们去接受自然界。古人的这些分布图建立了天地之间的联系[1]。

---

[1] 肯尼斯·R.朗著，《剑桥太阳系指南》（*The Cambridge Guide to the Solar System*, Cambridge: London, 2011），第410～421页。关于巴比伦天文学、占星术和宇宙学思索的更详细记述，可参见米尔顿·K.穆尼茨主编的《宇宙的理论：从巴比伦神话到现代科学》（*Theories of the Universe: From Babylonian Myth to Modern Science*, New York: Free Press, 1965）一书第8～21页，以及陶克尔德·雅克布森撰写的《天地洪荒——"巴比伦起源"》（*Enuma Elish—'The Babylonian Genesis'*）一文。天文学的历史丰富地记载下天空与地球之间所建立的联系，这些联系被描绘在分布图中。一些阐述更为详细的例子，可参见我的评论短文《来自外太空的启示》（*Revelations from Outer Space*），《纽约书评》，2015年5月21日。——原注

如今，我们用天文学数据来支持或推翻天体物理学中的一些概念和模型，但是在古代，人们对于天空的理解与各种日常事件之间具有一种更为紧密的联系。记录下当时正在发生的天体事件是为预测未来事件服务的，不过古人并不是要寻求解释其中的模式，也不是要找出它们的起因。他们的目标是要记录下这些运动，并构建出能够在未来实现精确预测的叙述。这是天文学之根——观测。看见和记录下天体如何在天空中运行，最终孕育出一门科学，尽管对于这些天体运行的最初解释绝非科学。这种以记录夜空数据为中心的早期传统至关重要，它使全社会产生了一种本能——将我们在自己行星上的位置与我们在宇宙中的所在联系起来。

虽然巴比伦人没有能力去科学地理解这些游荡天体的运动，但是他们的观测数据具有实践目的和宗教目的，例如天空中的模式对于地面上的农业周期具有十分重要的意义。请考虑金星泥板上的这条观测记录：在第 11 个月的第 15 天，金星从天空中消失，并有连续 3 天时间不可见。随后在该月的第 18 天，它重新出现在东边的天空中。新的泉水开始流动，阿达德神送来了雨水，埃阿神[1]也送来了他的洪水[2]。金星的逆行意味着地球上会出现倾盆大雨。在印度教神话中，掌管暴风雨的至高神明因陀罗有着各种不同的称谓：闪电之神、暴风雨采集神和雨水恩赐者。他永不停歇地忙着与

---

[1]　阿达德神和埃阿神是古代亚述王国、巴比伦王国宗教所崇拜的雨神和水神。——译注

[2]　金星泥板的译文出现在尼古拉斯·坎皮恩的《巴比伦占星术》（*Astrology in Babylonia*）一文中，《非西方文化中的科学、技术和医学历史百科全书》（*Encyclopaedia of the History of Science, Technology, and Medicine in Non-Western Cultures*, Berlin: Springer Verlag, 2002），第2版，第251页，赫莱茵·塞林主编。——原注

来自地下的恶魔们战斗，并代表着善的各种力量去与邪恶较量。他是创世神[1]——一位工匠式或劳动者式的神明，人们相信塑造和维护着这个实体宇宙、独自负责这个物质世界的就是他，而不是造物主——造物主将天空向上推，并释放出黎明，因此就需要平静缓和地维持夜晚与白天的规律性。

由于当时数据本身不是用来揭示物理原因的，因此缺乏先进技术和理论的古人们就发明了占星术。例如，古印度的占星术传统将夜空划分成黄道十二宫，充满了用于解释其形状的、精心编造的神话故事。每颗行星都有一个主宰神和一种相关的气质。例如，火星具有武士气质，因此使它的属民（出生日期在出生星位图上对应它的那部分人）好斗、好争辩、喜爱武器，并赋予他们技术和机械方面的能力。

要等到古希腊人才转向一种根植于逻辑、数据和证据的世界观。他们粉墨登场时大行其道的起源故事是：世界停靠在一只海龟的背上，在这只海龟下方支撑它的是另一只海龟……这些海龟一路层叠下去。一直到公元前6世纪，这种想象（有时有一些微小的变动）一直是普遍流行的信仰。不过，与耶路撒冷和巴比伦之类的老牌古城和古国相比，正在兴起的希腊世界还是存在着某些变革式的、新颖的和有活力的东西。与那些古王国不同，它由数个政治上独立的城邦构成，这些城邦享有自治权，各自为政。这一正在迅速成长的文化以对问题和争论的开放态度为标志，重建了统治天空的万神殿。众神被重新塑造，更多的权力和力量从神转移到人。事实上，神性中甚至反映出人类的各种缺陷，从而缩小了神的完美与人的瑕疵之

---

[1] 创世神是柏拉图学派认为制造并安排物质世界的次要神。——译注

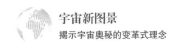

间的分裂。

在这样的背景下，公元前 610 年，在爱奥尼亚海岸的米利都城（在今日的土耳其），阿那克西曼德[1]出生了。人们认为他将地球视为一个飘浮在空中的圆柱体，周围环绕着天空，并没有任何生物高高举着它。他是公认的推断出地球自由悬浮在空中的第一人。这是世界观的一次深刻变化，是一次不可思议的飞跃，标志着他对于宇宙的全部看法。

尽管这一想法极具变革性，但是对于地球和天空之间的联系，阿那克西曼德如此革新的想法并不仅此而已，他自己获得这些理念所经历的智力过程也是如此有变革作用的。虽然人们将摒弃神话式解释的功劳归于他的老师泰勒斯[2]，但据说是阿那克西曼德启动了对我们的世界的重新思考，通过对看似已确立的和确凿无疑的东西提出质疑和挑战，点燃了对有考古基础的知识的求索之火。这种探究方式是任何形式的批判性思维（但同时也尤其对于我们目前的科学方法）的前提和起决定性作用的因素。阿那克西曼德试图用一种包罗万象的描述去解释自然界，并阐明人类和世界的起源，这种试图即使不是首创的，也是最富想象力的，而且是最早的。假如在历史上有那么一个时刻，我们可以将它挑选出来作为一个转折点，那就是这个时候——当泰勒斯和阿那克西曼德（他们二人都是米利都的居民）在明确地表述一种变革式新世界观的时候。阿那克西曼德并没有被动地接受现状。他探索知识，并意识到知识是在不断进化的。

---

［1］ 阿那克西曼德（约公元前610—前545），古希腊唯物主义哲学家，属于希腊最早的哲学学派——米利都学派（亦称爱奥尼亚学派）。——译注
［2］ 泰勒斯（约公元前624—前546），古希腊思想家、科学家、哲学家，米利都学派的创建者。——译注

他的理解既不是绝对的，也不是静态的。它要求提出质疑、仔细研究和不断地予以重新系统表述[1]。

作为一切宇宙学关键的批判性思维，其根源之一就是对于怀疑的渴望，而这种渴望是由好奇心所驱动的。另一个根源是人类持续渴望知道和想描绘现在所称的分布图。我们不能低估天地之间的这种更讲究实际与实用性的联系的重要性，它是随着测地学（关于全球定位的科学）而发展起来的。有一种工具最终证明对于测地学是至关重要的，那就是中国人在公元前 200 年前后发明的磁性指南针。这些指南针的制作材料是天然磁石，这是在磁铁矿中找到的一种天然磁性材料。这些指南针与地球磁场取向一致。不过在当时，天然磁石仅用于诸如风水之类的目的，以求人们自身与周遭环境取得和谐。直到公元 1040 年，中国人才将指南针用于地面导航和军事目的。还要再过 100 年，它们的用途才延伸到航海中去。磁力的知识是如何从中国传播到西方的，这仍然是历史学家们之间争论的问题，不过有足够的证据表明，确实是中国人发明了指南针。因此，世界的其余部分就不得不等待指南针出现，而古代描绘分布图取得进展的主要推动力是不仅需要对地面进行描绘，而且必须对天空进行描绘。夜晚的恒星帮助古人们在海上航行，而我们的太阳则使他们得以测

---

[1] 卡洛·罗维利，《第一位科学家：阿那克西曼德和他的遗产》（*The First Scientist: Anaximander and His Legacy*, Yardley, PA: Westholme, 2011），第57~60及104页。关于米利都人的其他信息，可参见F. M. 康福德的《爱奥尼亚宇宙演化论的模式》（*Pattern of Ionian Cosmogony*），穆尼茨主编的《宇宙的理论》第21~31页及G. S. 柯克、J. E. 雷文、M. 斯科菲尔德主编的《前苏格拉底哲学家们：一段关键历史及选文集萃》（*The Presocratic Philosophers: A Critical History with a Selection of Texts*, Cambridge: Cambridge University Press, 1983）第2版第76~142页。——原注

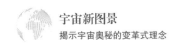

量地球的大小[1]。

　　绘制分布图的早期划时代事件之一，是公元前 240 年希腊天文学家埃拉托斯特尼[2]估测了地球的周长，他注意到在塞尼城（即现在埃及的阿斯旺）每年白昼最长的那天（夏至）正午时分没有任何影子投下。他也知道，在他的家乡、埃及北部尼罗河沿岸的亚历山大城，同一天太阳并不在头顶正上方，因此他通过计算亚历山大城一座高塔投下的影子所产生的角度，估测了其位置的差异。他利用几何学以及有关两城之间距离的知识，得出了地球的周长，而这个数字与现代的测量值（约 4 万千米）只相差 16%[3]。

　　数学允许我们用一种变革式的新方法去思考宇宙——从神话转移到理性，转移到关于运动的一种物理的和几何的概念，从而允许我们用这种概念来描述各种规律性的特征。尼西亚城的喜帕恰斯被认为是最伟大的古代天文学家之一。许多人认为他发明了三角学，并制作出最早的描述太阳和月亮运动的有效模型。他很可能获取了巴比伦人关于日食及行星位置的记录。喜帕恰斯以他们和美索不达米亚人所做的工作为基础，收集了一份当时最新的恒星目录，并建

　　[1]　约翰·瓦达拉斯，《磁性罗盘的历史》（*A History of the Magnetic Compass*），美国电气及电子工程师学会会员报刊《学会》（*Institute*），2013年11月8日。约翰·胡斯最近的《找到我们的路的失落的艺术》（*The Lost Art of Finding Our Way*, Cambridge, MA: Harvard University Press, 2013）是一部关于航行的历史，其中讨论了各古代文明所使用的那些原初技术，以及现代的入门知识。——原注

　　[2]　埃拉托斯特尼（公元前276—前194），希腊数学家、地理学家、历史学家、天文学家、诗人，主要贡献是设计出经纬度系统，并计算出地球的直径。——译注

　　[3]　具体计算可参阅《数学奇观》第145页"5.6 埃拉托色尼如何测量地球"，上海科技教育出版社。——译注

立起据信是对于天文学数据最早的几何和数学定量描述。公元2世纪，希腊 – 埃及天文学家、数学家、制图师和占星家克劳狄乌斯·托勒密向理解天体运动又迈出了重要的一步。他继承了喜帕恰斯的那些具有 300 年历史的数据，并对希腊人的所有天文学表格和几何模型都进行了校勘，编著了一部综合性论著，即《天文学大成》(*Almagest*)。不过，他所做的工作不仅仅是汇编资料，还构造出了一个天空的新模型，这个模型与当时可得到的所有数据都相符[1]。

托勒密的世界地图（1478）复本。托勒密知道地球是一个球体，而且他的投影方法是从赤道开始测量纬度的，这种做法一直沿用至今。（图片由美国国会图书馆提供。）

---

[1] R. C. 塔里亚费罗在《西方世界的伟大书籍》(*Great Books of the Western World*, Chicago: Encyclopaedia Britannica, 1952）第16卷中为《天文学大成》提供了一个英译本。对于托勒密之前的古希腊宇宙学的回顾，可参见F. M. 康福德的评注版译本《柏拉图的宇宙学：柏拉图的〈蒂迈欧篇〉》(*Plato's Cosmology: The Timaeus of Plato*, New York: Humanities Press, 1937），以及W. K. C. 格思里的《亚里士多德：论天空》(*Aristotle: On the Heavens*, Loeb Classic Library, Cambridge, MA: Havard University Press, 1939）。——原注

托勒密的物理模型由层层嵌套的球体构成，并且他的那些综合全面的表格可用于计算行星未来的位置。他对每颗行星使用4组时间分散开的观测数据，以获得估算它们周期的最大优势。他所使用的最古老的那组观测数据是公元前700年的，很有可能来自喜帕恰斯对巴比伦人那些记录的汇编。考虑到当时人们到对行星位置的主要兴趣仍然是预测地球上的事件，因此描绘地球分布图同样吸引着托勒密也就不足为奇了。他的《天文学大全》除了记录下月亮的周期以外，也记录下了天空中行星的位置，而与之对应的《地理学指南》(*Geographica*) 则描绘出地球上各城市及地标的位置。托勒密把两件事情联系在一起：正如他把天国排列成一个个封闭的球体那样，他也给地球上所有已知的地点在一张网格上分配了位置。由于行星和太阳都沿着黄道运行，因此托勒密采用黄道坐标系——一张中心位于地球上的、从天球之外来看的网格——来描绘星表。从此以后，地球和天空就都投影到同一个球的表面上，从而给出它们的坐标。托勒密以黄道为稳定参照来描绘天空，以从赤道开始度量的纬度来描绘地球。《天文学大成》具有预测天体位置的能力，这就使它具有了盛行于整个中世纪的权威性。

希腊人也曾设计出一些数学，用于研究圆弧（即圆的一部分）和圆心角。不过，数学的发展无疑得益于古希腊疆界之外的那些数学知识。印度人拓展了希腊时期的数学，其中特别是公元5世纪的数学家阿里亚哈塔[1]，人们认为他通过无穷级数描述了三角函数，从

---

[1] 阿里亚哈塔（或译作阿耶波多，476—550），印度数学家、天文学家。他的《阿里亚哈塔历书》(*Aryabhatiya*) 中提供了精确度达5位有效数字的圆周率近似值。此外，他还根据天文观测提出日心说，并发现日食和月食的成因。印度在1975年发射的第一颗人造卫星以他的名字命名。——译注

而使他能够建立起包括各角度正弦值和余弦值的大量表格。为了在一个天球仪上描绘天空，以及在一个地球仪上描绘地球，二维的欧几里得几何就需要拓展到弯曲表面上去。阿拉伯人和印度人在7世纪到11世纪研究出球面三角学。将几何学拓展到去描述球面上的三角形的边和角之间的关系，这对于天文学和测地学都是至关重要的。前者要描绘恒星在一个球体上的位置，而后者则是要理解地球的曲率对于航行的影响，因为此时地球上那些遥远的地点可以航行到达。

蓬勃发展的海上贸易航线使波斯和阿拉伯数学家们不断接触到印度数学家们的各种原理，他们将这些原理翻译过来并广泛传播到整个中世纪的伊斯兰世界。安达卢斯的数学家阿尔－贾亚尼[1]撰写了据信是关于球面三角学的第一部综合性专著《球面上的未知弧之书》(*Kitab majhulat qisiyy al-kura*)。托勒密有这样一条定理：依据地球上两地之间的维度之差以及它们之间的大圆距离来得出两地之间的经度之差。数学家拉伊汗·阿尔－比鲁尼[2]利用这一定理以及11世纪的商队路线得出了巴格达与其他各城市之间的经度差[3]。

天文学要求用理论的和数学的框架以及因果推理分析进行综合观测。虽然托勒密的模型可以描绘行星的运行，并绘制出巴比伦人所记录下的那些最明亮的恒星，然而他并不是在寻求我们所感兴趣

[1]　阿尔－贾亚尼（989—1079），古代数学家，对欧几里得的《几何原本》做了重要注释，并撰写了已知的第一部球面三角学专著。——译注
[2]　拉伊汗·阿尔－比鲁尼（973—1048），波斯数学家、天文学家、物理学家、医学家、历史学家。——译注
[3]　关于中世纪伊斯兰科学的更详细描述，并重点讨论数学及其在天文学中的应用，可参见阿里·阿卜杜拉－阿尔－达法的《穆斯林对数学的贡献》(*The Muslim Contribution to Mathematics*, London: Croom, 1977)。——原注

的主题，即对导致行星运行的原因给出一种解释。

技术再次成为关键，并且它一直在取得进展。公元前 200 年发明的指南针，大约在 1400 年后出现在西方世界。在《物性论》(*De naturis rerum*) 一书中，亚历山大·尼卡姆[1] 提到了磁性指南针及其在导航中的应用。波斯人在大约 40 年后才提到它，这出现在 1232 年贝拉克·阿尔 - 齐布贾吉在开罗写成的《商人的财富之书》(*Kitab kanz al-tujjar fi ma'rifat al-ahjar*) [2] 这本波斯故事书中。

数学和制图仪器逐步完善的这些具体实现，最终产生了一种变革性的新地图——按比例绘制的地图。波特兰海图[3] 把由指南针获得的方向和由出海的水手们估测的距离结合了起来。在这些海图的刺激下，开启了所谓"发现的时代"，而这又是"天文学精确年代"的开端，其结果在远航的欧洲人之中导致了对于强权和掠夺的追求，同时也促进了各种各样的科学和仪器革新。正如波特兰海图的名称（它最终源自拉丁语"*port*"，意思是"港口"）所暗示的，这些地图所关注的焦点是它们描绘出的海岸线及路线的细节，图上画出了连接各已知港口城市的线条，从而能够计算出航程所需的时间及距离。现存最古老的波特兰海图是比萨地图，其日期可追溯至 1296 年。

----

[1] 亚历山大·尼卡姆（1157—1217），英国神学家、哲学家、教师、地理学家。——译注

[2] 佩特拉·G.施米德尔，《关于磁性指南针的两份早期阿拉伯资料来源》(*Two Early Arabic Sources on the Magnetic Compass*)，《阿拉伯及伊斯兰研究杂志》(*Journal of Arabic and Islamic Studies*)，（1997—1998）：85。——原注

[3] 波特兰海图是写实性地描绘港口和海岸线的航海图。意大利、西班牙、葡萄牙自13世纪开始制作这种航海图。——译注

尽管波特兰海图体现了对于更高科学精度的渴望，而天空分布图则不仅在当时变得更为精确，而且开始更鲜明、更令人信服地传达出对于各种宇宙现象的、不断变化着的解释。这种解释手段和力量的改变（这种改变反映了那些重要的观念转变）在天空分布图中表现得最为明显不过，例如出现在《爱的摘要》（*Le breviari d'amor*）一书中的那幅天空分布图。这一彩色稿本的作者被认为是法国贝济耶的马特福瑞·厄尔蒙高，其书出版于 1375 年至 1400 年间[1]。

比萨地图（1296）是现存最古老的航海图，覆盖的区域从现在的荷兰到摩洛哥。这张波特兰海图提供了对它所展示的各海岸和港口城市的详细纵览，并且是按比例缩小的。（图片由法国国家图书馆提供。）

[1]　在《爱的摘要》（*Le breviari d'amor*）中所描述的以及本章随后讨论的那些宇宙观——也就是说出自《卡塔兰地图集》（*Catalan Atlas*）的，以及来自安德烈亚斯·塞拉里乌斯、乔万尼·巴蒂斯塔·里乔利和伯纳德·皮卡尔的那些宇宙观——都包括在迈克尔·本森的那部图像综合概要《宇宙图学：通过时间描画空间》（*Cosmigraphics: Picturing Space Through Time*, New York: Abrams, 2014）中，我在《来自外太空的启示》中对此书进行了评论。——原注

贝济耶的马特福瑞·厄尔蒙高的《爱的摘要》（1375—1400）中的彩色
地图。这幅图描述了亚里士多德-托勒密式的宇宙，在其中包含在月亮所
在的球体之中的万事万物都是易变的和易腐的，而位于月亮轨道之外的
一切天体现象都是纯粹的、不变的和完美的。永恒的天使们在这里转动
曲柄，永不停歇地转动着月亮之下的球体。

　　这一描画结合了亚里士多德和托勒密的宇宙观。固定的、不变
的、完美的恒星所构成的王国被清晰地划分在外围的边框中。所有
不完美都被限制在地球所在的球体之中，其中散落着那些易变的元
素——火、水、土和气。其余一切都被假定为纯粹的和完美的。请
注意这一图像如何采纳了一种将神圣的动因与机械式理解相结合的
描述：太阳和月亮日常运行的起因被表示为那些为地球的转动添加
燃料而操劳不休的天使们。因此，我们在这里有一个秩序井然的托

勒密式宇宙，然而这个宇宙确实由天使们提供动力，他们被描画成在转动一根曲柄，显然这一装置起着一种隐喻性的作用。这幅分布图揭示出神话或神圣成分的残存，它们与一种数学表述共存。天使们在这里占据有待辨明的空白，后来这片空白由艾萨克·牛顿的引力定律填补了。牛顿当然不仅将引力看作物质的一种属性，还将其视为一种神圣的表现形式。他相信神圣的力量是行星运动的驱动力。

随着理解的提高，宇宙的这些表现也相应地得到了更为周密的阐述。同样，宇宙观的变化也在制图学中得到了描述。在1375年出版的《卡塔兰地图集》中，可以找到对中世纪宇宙的一些精妙绝伦的演绎。这是中世纪描述地球和天空概念的最重大的地图汇编文献之一。人们认为这部地图集出自犹太天文学家和制图师亚伯拉罕·克莱斯克之手。地球在这幅图中被一些环和7个球包围着，前者代表着4种基本元素，而后者则表示当时已知行星的轨道。在此之外的是月亮、太阳和那些固定不动的恒星。这幅分布图标志着从天使时代到仪器时代的转变。我们不再求助于天使来为宇宙提供动力，而是我们有了科学仪器不断增长的影响力，其中尤其是星盘。在图的中央那位醒目的圣贤般的人物手中所持的就是一件星盘。

星盘作为一种测量位置的装置，据说是由古希腊人发明的，并且经常被认为出自托勒密之手，不过中世纪的伊斯兰世界对它进行了改善。中世纪的伊斯兰学者们用他们的三角学知识在这种仪器上引入了角度标尺。星盘被用于确定太阳、月亮和恒星的位置，以及给定纬度处的当地时间，时间的测量要利用许多主要城市的纬度表格，它们作为独立可拆分表盘包含在该装置中。在伊斯兰世界中，球形星盘也用于确定指向麦加的方向，并为虔诚的教徒们指示每天

祈祷的时间。第一个用金属制成的西方星盘是 10 世纪在西班牙制造的，因此这种仪器出现在《卡特兰地图集》中也就不足为奇了。在克莱斯克的地图中，时间已经变成一种可以度量至永恒的数学概念。数学计算的能力处于首要和中心地位。在以前对于宇宙的那些描述中，代表着众神的须髯智者总是出现在画面之中，控制着场面。文艺复兴前夕，守护神和小天使们缺失了，取而代之的是表示四季的比喻式人物形象。

亚伯拉罕·克莱斯克的《卡特兰地图集》（1375）中的彩色宇宙分布图。这幅中世纪的描画显示，我们的行星被象征着四大元素（土、气、水和火）的环包围着，在它们之外是7个球面，描述的是各行星的轨道，随后是月亮、太阳、固定恒星所在的球面，以及黄道十二宫。克莱斯克在此处用一位手持星盘的圣人取代了上帝，很可能是反映了他对于宇宙的个人看法。（图片由法国国家图书馆提供。）

文艺复兴时期的天文学家尼古拉·哥白尼在 1514 年跨出了变革性的下一步，他在这一年撰写了一份约 20 页长的手稿。从某种意义上来说，这份手稿是即将到来的那些扣人心弦的事件的一次预演。这本后来定题为《短论》（*Commentariolus*）且只在他的朋友们之间传阅的著作颠覆了当时盛行的、托勒密的宇宙观。哥白尼提出了天体的一种重新排序方式，创建了一个新的参考系：置于其中心的是太阳，而不再是地球。

毫无疑问，对于以前所有关于天空的概念而言，哥白尼的系统都是一种大破坏——它不仅暗示着地球在绕太阳旋转，而且由于无论地球在其提议的轨道上如何运行，恒星的排列方式都保持固定不变（不出现所谓的视差[1]），因此恒星就在非常非常遥远的地方。天空的边界已经向外推进了。由于害怕遭到抵制，因此哥白尼对于是否要发表关于这一主题的完整专著《天体运行论》（*De revolutionibus orbium coelestium*）一开始就犹豫不决，直至 1543 年才将其出版。最后，有一位主教鼓励他出版此书，因此哥白尼将其题献给罗马教皇。仅仅 70 多年后的 1616 年，这部著作被列为禁书，直到经天主教裁判所"修正"后才解禁。当时公布了一张"修正"清单，其中包括对于将地球的运动表述为一个事实而不是一个假设的那些删节。篡改的目的是将日心说仅仅表述为一种描述行星运动的简便方法（一种参考系）而不是一个。正如我们在接下去的许多章节中将会看到的那样，在使那些变革性的理念比较合意的过程中，常常需要与此类似的种种遁词。

---

[1]　视差是指从不同的两点看一个物体时，物体的视位置会发生移动，因此地球的运行会引起恒星视位置的变化。——译注

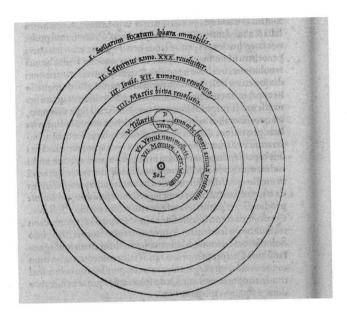

尼古拉·哥白尼的日心模型，摘自《天体运行论》。哥白尼大胆地将地球移出了托勒密的宇宙中心，代之以"Sol"——这张简单图示中的太阳。以这张图为基础，哥白尼用他优雅的笔法解释了自己的模型。（图片由美国国会图书馆提供。）

杰出的天文学史学家欧文·金格里奇查阅了哥白尼这本书几乎所有的现存复本，他推断出第一版很可能印刷了 400 ~ 500 册，1566 年发行的第 2 版又增印了 500 册左右。金格里奇在他那部标题具有讽刺意味的《无人阅读的书》中叙述了他寻找这些副本的过程，并特别指出在意大利的复本有半数都被篡改过，而在欧洲大陆的其他地方被篡改的复本则为数极少[1]。

---

[1] 欧文·金格里奇，《无人阅读的书》（*The Book Nobody Read*, New York: Pengium, 2005），第146页。——原注

尽管位高权重的红衣主教贝拉明[1]最终将矛头指向了日心学说，对于这种经过改造的宇宙感到不安的并不是只有天主教徒。事实上，马丁·路德[2]也反对日心学说。当然，当时教会的教义坚持认为，固定在宇宙中心的是地球而不是太阳。哥白尼的宇宙分布图虽然解释了其他漫游的天体的一般运动，但对于火星或金星的古怪运行方式，却无法比当时占主导地位的那种模型能做出更为精确的预言。而且对于持否定态度的那些人而言，不出现视差（由于地球位置变化而应该造成的透视位移）可能不仅意味着恒星距离遥远，而且可能更简单地意味着地球根本不在移动。哥白尼对于宇宙的重新排布是想象力的出色一击，这肯定不是由数据驱动的。部分差错是由技术造成的，当时的观测数据如此不精确，以致那些粗枝大叶的预测都可以为人接受，并且自托勒密以来测量结果就没有得到过任何实际的改善[3]。一种新的宇宙观要求有更为精确的数据来支持它。顺便提一下，哥白尼一会儿被称为占星家，一会儿被称为天文学家，这在当时是司空见惯的，尽管他从来没有占过星象。

经验数据居首的新地位，标志着科学史以及宇宙学理念发展过程中的一次重要转折，并且为认识论设定了一种新标准。它还标志

[1]　罗伯特·贝拉明（1542—1621），意大利耶稣会信徒、天主教会红衣主教，罗马天主教会反宗教改革的重要人物，在1600年乔尔丹诺·布鲁诺（1548—1600）遭受火刑的事件中也起了重要作用。——译注
[2]　马丁·路德（1483—1546），德国基督教神学家，16世纪欧洲宗教改革运动的主要发起人，基督教新教路德宗创始人。——译注
[3]　事实上，人们认为首先为太阳系提出日心模型的是萨摩斯岛的阿里斯塔克斯（公元前310—前230）。虽然他提出这一模型的文本并没有存留下来，但是后来阿基米德（公元前287—前212）的一本书参考了阿里斯塔克斯的数学计算。——原注

着在知识获得方面从幻想转向物质。天文学处于这场经验主义革命的最前线。观测者们能够进行随时间推移的重复观测，确定潜在的那些模式，并且这也为形成一个知识分子科学团体创造了条件。印刷机的发明使信息的迅速传播成为可能，并提供了交流想法的一种新手段，从而在从业者之间开启了对话。天文学家们撰写的书出版了，随后在其他活跃的天文学家之间流传[1]。

16～17世纪印刷的各种各样的分布图以及其他对于宇宙的描述为接下来产生的在相互竞争的天体模型之间展开的概念上的角逐提供了证据。16世纪的丹麦天文学家第谷·布拉赫[2]革命性地改变了这一领域。他拥有充足的资源来不断建造和完善天文学仪器，痴迷于提高观测的精度。第谷做事非常有条理，并且对于他而言，观测是最重要的。当行星处于有趣的几何构型（例如对立位置）时，他会进行一些特别的观测并有效地收集数据。第谷不断积累观测数据，用以支持或反驳那些旧的模型。他是最后一位用裸眼进行观测的伟大天文学家。他对彗星进行了详细的观测，而这引导他摧毁了当时广为流行的亚里士多德式观点：除月球轨道之外的一个完美的、固定不变的宇宙。即使在对旧的范式提出挑战时，他还是对哥白尼所提出的那种地球和太阳的位置互换的模型感到不安。第谷精心构造了一个替代系统，其中所有的行星（地球除外）都绕着太阳沿轨道运行，而太阳又拖动着它的所有行星转而绕着地球沿轨道运行。安

[1]　金格里奇，《无人阅读的书》，第170～185页。——原注
[2]　第谷·布拉赫（1546—1601），丹麦天文学家。第谷所做的天文观测精度之高在当时遥遥领先，他还曾提出一种介于地心说和日心说之间的宇宙结构体系。——译注

德烈亚斯·塞拉里乌斯的《和谐大宇宙》[1]描画了这种观点。这样一种中庸的模型，是在一种变革性的理念对一些主导思想提出挑战时典型的逃避问题的做法。在通常情况下，导致最后转变的并不是单一的一件可归因事件或可辨认出的临界点，而是确凿的支持证据缓慢而稳定的积累，从而最终改变了人们的思想。

第谷·布拉赫的分布图更改了地心模型，摘自安德烈亚斯·塞拉里乌斯的《和谐大宇宙》（1708）。在这个模型中，除了地球以外的所有行星都绕着太阳沿轨道运行，而太阳则绕着地球沿轨道运行。（图片由密西根大学图书馆斯蒂芬·S.克拉克藏书室提供。）

哥白尼和第谷的模型以及他们各自对于宇宙的看法，继而导致他们各自的支持者们之间所发生的辩论，是许多艺术表现的主题。宇宙分布图反映出这些概念之间的冲突，它们成为了传播各种具有

[1]　安德烈亚斯·塞拉里乌斯（约1596—1665），出生于德国的荷兰地图学家，他的《和谐大宇宙》（Harmonia Macrocosmica）是1660年在阿姆斯特丹出版的星图。——译注

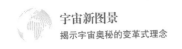

知识性见解的新理念及新仪器的场所。

例如，意大利天文学家及耶稣会神父乔万尼·巴蒂斯塔·里乔利，在其专著《新天文学大成》中对第谷的模型进行了改动，掌管天文学的女神乌拉尼亚出现在此书的一幅卷首插图之中。在这幅插图中，她确实在认真掂量哥白尼的系统和经里乔利修改过的第谷模型，前者位于左侧，而后者位于右侧。里乔利这本书中的天平（当然）倾向于他自己的理论，其中的水星、金星和火星绕着太阳沿轨道运行，而绕着地球沿轨道运行的太阳则与木星和土星一样仍然位于它们的托勒密式地心轨道上。图中左边是百眼巨人阿尔戈斯，他手持一架望远镜，并指向由它引入视野的大量新天体。我们还看到圣贤般的托勒密降位成一名旁观者，他那遭到废弃的地心模型掉落在地。

除了这张分布图以外，神学归属和政治忠贞也影响着乌拉尼亚的权衡。除了没有找到视差的证据这一智力上的反对理由外，第谷的反哥白尼观点也具有政治上的好处：它与规定地球固定不动的天主教教义是协调的。这是按字面解读《圣经》而得出的，这种字面研读是为了应对新教的宗教改革运动提出的挑战而形成的一种新做法。在 17 世纪中，大量对哥白尼的图像感到不安的天文学家接受第谷的观点，但是第谷很快就遭遇了短兵相接的竞争对手——他的同僚和科学合作者约翰尼斯·开普勒[1]。

那颗红色的行星再一次扮演了显著的角色，不过关键的问题是地

---

[1]　约翰尼斯·开普勒（1571—1630），德国天文学家、物理学家、数学家，他的行星运动三大定律是牛顿万有引力定律的基础。关于第谷与开普勒之间富有成效的科学合作，可参见基蒂·弗格森所写的《第谷和开普勒：不可能的伙伴关系永远改变了我们对天空的理解》（*Tycho and Kepler: The Unlikely Partnership That Forever Changed Our Understanding of the Heavens*, New York: Walker, 2002）。——原注

乔万尼·巴蒂斯塔·里乔利的《新天文学大成》卷首插图。掌管天文学
的女神乌拉尼亚正在认真揣量哥白尼和里乔利的模型。里乔利模型中的
水星、金星和火星绕着太阳沿轨道运行，太阳又绕着地球沿轨道运行，
而木星及土星则仍然位于它们的托勒密式地心轨道上。（图片由美国国
会图书馆提供。）

球轨道的布局和形状。开普勒利用第谷关于火星的全面数据来解决
这个更大的问题。由于它是最靠近地球的行星，因此地球轨道的不
确定位置所导致的不精确性在火星位置的计算中似乎是最为突出的。
开普勒在 1595 年的《宇宙的奥秘》（*Mysterium cosmographicum*）一

书中捍卫了日心模型，其中假定围绕在位于中心的太阳周围的那些行星可以用正多面体组合内切而成。他所提出的这种模型是一个类似于俄罗斯套娃的系统。他还制定了下一个重大的、最具变革性的转变——搜寻定律，即可以导出描述和解释天体运动的那些永久真理。开普勒努力发展天体物理学，他试图导出一种能为行星运动的起因提供一种解释和描述的物理理论。虽然他所获得的那种几何的、复杂的世界观看来似乎与他对纯数学的强烈爱好并不一致，不过想象这一复杂方案同样需要演绎能力，而这引导他去假定行星运动的三条定律。开普勒没能得出惯性的概念，而是求助于太阳的旋转，以此作为将太阳系高举在空中的持续不断的、动力学上的能量来源。他的三条定律预言：（1）太阳系统内部的行星轨道都是椭圆；（2）在太阳位于其焦点之一处的一条椭圆形行星轨道上，连接行星和太阳的线段在相等的时间间隔内扫过相等的面积；（3）一颗行星的轨道周期与其椭圆形轨道的大小之间存在着直接联系（更确切地说，就是周期的平方与半长轴的立方成正比）。这样一来，对于行星运动就有了一种解释（仍然缺乏物理原因），因而神授的定则仍然是这一方案中不可分割的一个组成部分。

到此刻为止，地球相对于太阳的位置——因此也就是地球的轨道——还是不正确的。即使对于哥白尼，其轨道的偏心率也还相差两倍。来自第谷的更精确的数据对地球轨道进行了调校，并且对于开普勒推断各椭圆运动也是至关重要的。

在地球轨道的正确布局和开普勒三大定律的公式化陈述后，火星之谜的解答出现了。地球和金星绕着太阳沿轨道运行，它们的轨道与正圆只有非常轻微的、几乎察觉不到的偏离，而正圆形轨道是与托勒密的图像相符的。另一方面，火星轨道的偏心率则要高得多，无法用一个圆形轨道来与之相适应。

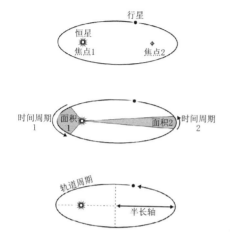

第一定律：行星的轨道是一个椭圆，太阳位于其两个焦点之一处。

第二定律：连接一颗行星和太阳的线段在相等时间间隔内扫出相等的面积。

第三定律：行星轨道周期的平方与其轨道椭圆半长轴的立方成正比。

开普勒利用第谷的大量观测数据，并寻求一种行星运动的物理解释，从而系统地提出了支配行星运动的三条定律。

开普勒是哥白尼学说的一位支持者，从来不接受第谷提出的杂交模型。然而即使是他对于行星为什么会运动也没有给出过真正的解释，最多只有托勒密的理念：有一个"原动力"驱策了这些天球。不过，开普勒是最早寻找其中按照我们现在用科学的术语所理解的因果关系的人。他执意要获得一种物理理论，并试图建立起天体物理学原理。除了太阳的旋转以外，他还考虑将磁力作为行星运动的潜在构造力量。按照经典的看法，甚至直到哥白尼的时候，还从未有人试图寻找一种物理原因去解释行星为什么按照它们的方式运行。尽管付出了这样开拓性的努力，但开普勒还是有所欠缺的，这是因为他不理解惯性的作用。这种原因被视为是哲学上的而不是天文学

35

上的问题。当然，天文学是自然哲学的组成部分。许多方面的事实证明，正是由于天文学这门知识学科的催化作用，自然哲学才分裂而形成我们如今所谓的现代科学。

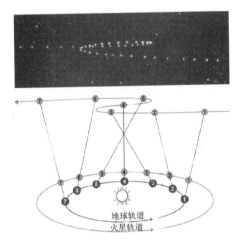

从地球上的有利地点来看，火星在绕太阳沿轨道运行时，看上去是周期性地在天空中发生逆行，结果后来却又恢复其向前的运动。哥白尼对天空的日心排布与开普勒的椭圆轨道相结合，最终才使我们能够对这种古怪的运动做出解释。

　　探究一种新理念的起源是一项挑战。正如在上文所描述的这些模型的演变过程中我们所看到的，分布图向我们明示了知识在某个特定时间点的状况，有力地标志着引入、传播、争论和质疑新理念的原动力。它们与观测、技术和理解紧密联合在一起。

　　古人们只能依靠他们的双眼，而现代天文学家们却拥有地面和空间望远镜去延伸他们的视野，并观察近邻的和遥远的宇宙。天体分布图带有这种转化的印记，描绘出人们对于天空的看法如何从想象的和荒诞的转变成有理有据的。虽然开普勒提供了一种有说服力的模型，但还需要一种科学仪器和一种新的理念，才能一劳永逸地解决行星运动的问题。望远镜是作为一种窥视镜于1608年在阿姆斯特丹投放市场的，在被重新设定用途后，望远镜将夜空中的那些遥远天体收入了视野。人们认为是伽利略·伽利雷[1]发明了天文望远镜，即对这种简单的小型望远镜进行了改进。他用天文望远镜发现了木星的几颗卫星、太阳黑子和金星的盈亏，并绘制了月球表面的地形图。伽利略还帮助推进了天体物理学的概念。接下去的关键的一大步就得等到英国物理学家艾萨克·牛顿来完成了，他在1687年出版了《自然哲学的数学原理》(*Philosophiae Naturalis Principia Mathematica*)，这本通常被简称为《原理》的书概述了万有引力定律。假如没有开普勒发现的那三条定律，这本专著将是不可想象的。牛顿做出了到当时为止最大胆的跃进，用一条关于引力的普适定律将地下的和天上的联系在一起。他去除了天空与地球之间的区别，并明示了相同的规则在天上地下都适用。我们现在称之为科学的方法论程式在17世纪初的这个时候开始浮现出来了。

世界观的这种变革性转换（以哥白尼为先驱，并得到了开普勒、伽利略和其他许多人的望远镜观测数据的支持）复兴了另一种远古的思索，即探究更大的宇宙的结构。这种发展引导我们复苏了这样一种兴趣：在我们的太阳系之外是否存在着别的什么世界？17世纪后期法国大师级雕刻家伯纳尔·皮卡尔的一幅版画揭示出他对于在整个宇宙之中可能存在着的多元世界的见解——除了我们的太阳以外的其他大量恒星，类似于我们的太阳系，也可能拥有它们自己的

---

[1] 伽利略·伽利雷（1564—1642），意大利物理学家、数学家、天文学家、哲学家。他改进了望远镜，并阐明了惯性原理。——译注

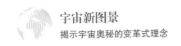

行星系统。由于太阳系的问题得到了解决，于是天文学家们就跨越出去，重新审视和绘制在更远处可能存在的东西。

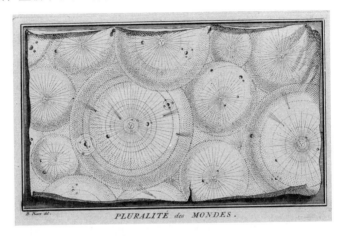

PLURALITÉ des MONDES.

法国雕刻家伯纳尔·皮卡尔于1673年描绘的多元世界。（图片由阿姆斯特丹国家博物馆提供。）

与现今的其他天文学家们一样，我也继承了对于绘制分布图这种古老传统的贯注。虽然我们可以用计算机代替星盘来建立模型，但我们仍然是宇宙的探索者。前沿不再是乘坐轻快的帆船去探索的世界边缘，而是通过人类最强大的望远镜看到的宇宙边缘。我们在这些日益精密的仪器的帮助下，一再绘制我们的宇宙分布图。我们看到这些新的前沿远远延伸到我们的想象之外，延伸到空间中最遥远的范围，追溯到创世的大爆炸时刻后不久、婴儿期的宇宙发出的嘘声。我们延续着从我们来到这个由道法支配并最终由科学方法支配的世界时就开始的那种传统。在接下去的篇幅里，我们会看到这种进步——新的观测数据和新的理论彼此竞争，并完善着那些在宇宙学研究中锻造出来的变革式概念。

第2章 不断增大的疆界：宇宙在膨胀

1848 年 2 月的一个寒冷的早晨，埃德加・爱伦・坡[1]进行了一次题为《宇宙志》(On the Cosmography of the Universe)的演讲，地点是在纽约庄严的社会图书馆。到场的只有 60 人，而且他们都是带着十足的失望和困惑离开的。不过，这次演讲以及此前的研究都会成为《我发现了》(Eureka)的基础，坡在这首散文诗中展示了他个人对于宇宙起源的概念。有些人将《我发现了》解读为预言式的——期待新的科学发现，而其他人则认为它是浪漫主义的、极端个人的，或者甚至是蓄意讽刺的。坡在开篇部分中宣称："我的意图是要谈论物理的、形而上学的和数学的——物质的和精神的宇宙：关于它的本质、它的起源、它的创生、它目前的状态以及它的命运。"接下去，他将宇宙描述为躁动不安、演化不息的。这与当时存在于科学界的那种静止宇宙观形成了鲜明的对比。由于缺乏证据，因此坡的诗试

---

[1]　埃德加・爱伦・坡（1809—1849），美国诗人、小说家和文学评论家，美国浪漫主义思潮时期的重要成员、美国短篇小说的先锋之一。——译注

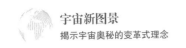
图通过暗示来令人信服。不过到了1848年，如果不展示经验证据的话，已经不可能说服任何人去相信一种新科学理念的正确性了。坡当然并没有进行过任何科学研究，但他却是正确的。

天文学家们花费了80多年的时间才对坡的断言给予了支持。1929年，埃德温·哈勃[1]利用当时最先进的、加利福尼亚州南部威尔逊山天文台的2540毫米望远镜发现了一种令人难以置信的关联：离我们越遥远的星系飞离我们的速度似乎越快。只有在宇宙确实在膨胀的情况下，他的观测结果才能说得通。《我发现了》得到了证实！这项发现导致我们对宇宙的概念发生了根本性的转变，这与尼古拉·哥白尼1543年的日心模型所造成的变革同样扣人心弦。膨胀宇宙的理念获得了支持，并标志着一幅全新的宇宙图像由此浮现。我们的宇宙分布图在20世纪焕然一新。

如果说这个故事是从哈勃开始的，那么阿尔伯特·爱因斯坦[2]就为我们的主角做了重要的陪衬。在哈勃这位天文学家忙于用他的观测结果来推动宇宙的同时，爱因斯坦这位著名的理论学家却执着于宇宙固定不动的理念。这场争斗并不存在于爱因斯坦与哈勃个人之间，甚至也不在理论与观测之间，而是在信仰与证据之间。又是2月的一天，这次是1931年，在威尔逊山天文台举行的一次研讨会上（选址很恰当，因为这正是哈勃获取他的数据的地方），爱因斯坦最终承

---

[1]　埃德温·哈勃（1889—1953），美国天文学家。他证实了银河系外其他星系的存在，并发现了大多数星系都存在红移现象，由此建立的哈勃定律是宇宙膨胀的有力证据。——译注
[2]　阿尔伯特·爱因斯坦（1879—1955），出生在德国的犹太裔理论物理学家，创立了现代物理学两大支柱之一的相对论，1921年获诺贝尔物理学奖。——译注

认他原先是错误的。这一断言震惊了聚集在那个房间里的所有参会者，其中也包括哈勃。一位来自美国联合通讯社[1]的记者写道："一阵惊叹扫过图书馆。"[2]这阵惊叹是科学发现在人类层面的象征。

不过既然我已经泄露了最妙的部分，让我们再从头开始讲述哈勃的故事吧。1906年5月6日，这位来自芝加哥惠顿高中的、英俊的16岁高三学生打破了伊利诺伊州跳高纪录。《芝加哥论坛报》[3]报道说年轻的哈勃越过了1.85米高的竿，这可能给事实加上了传奇的成分。根据阿兰·莱特曼[4]的叙述，据称在那一年的晚些时候，哈勃赢得了从撑竿跳、推铅球、掷铁饼甚至到链球的所有奖牌。当他赢得进入芝加哥大学的奖学金时，看起来他似乎正在顺利地走向一名专业运动员的生活。哈勃体型匀称，身高达1.88米，并且有着令人难以置信的雄心壮志。他不仅拥有魅力十足的体型，而且头脑敏捷，具有学术天赋。而根据他的姐姐露西的描述，他从小时候起就傲慢自大。尽管哈勃的能力很可能被夸大了，但他求知好学、阅读广泛。他在8岁那年收到外祖父威廉·詹姆斯送给他的一架望远镜时，就建立起了早期对天文学的兴趣。他第一次窥视到的天空似乎留下了不可磨灭的印象。在芝加哥大学完成辉煌的本科学业后，他赢得了

---

[1] 美国联合通讯社，简称美联社，是美国最大的通讯社，总部设在纽约。——译注
[2] 沃尔特·B.克劳森，美国联合通讯社新闻稿，1931年2月4日盖尔·E.克里斯蒂安森的《埃德温·哈勃：星云的水手》（*Edwin Hubble: Mariner of the Nebulae*, Chicago: University of Chicago Press, 1995）一书第210页引用此话。——原注
[3] 《芝加哥论坛报》（*Chicago Tribune*）是美国中西部的主要日报，创刊于1847年，总部设在伊利诺伊州芝加哥市。——译注
[4] 艾伦·莱特曼（1948—），美国物理学家、作家，他的多本小说及科学散文集均有中译本。——译注

罗德奖学金[1]，前往牛津大学深造。赢得罗德奖学金原本就是他的一个重要目标，而在英格兰的生活经历使他成为了终生亲英派。为了取悦父亲，哈勃在王后学院学习法学，放弃了他在英国期间继续进修天文学或数学的梦想。与他同一年获得罗德奖学金的其他同时代学者还有后来在第二次世界大战期间成为美国战争情报局局长的埃尔默·戴维斯（1890—1958）和数学家、电子学先驱拉尔夫·哈特利（1888—1970）。哈勃在牛津求学期间打扮入时，学会了一口爽朗的、上流阶层的英国口音，还养成了与他交往的那群贵族协调一致的各种娇柔做作的行为。他余生都小心翼翼地保持着这些作风，包括抽烟斗，甚至晚年在威尔逊山进行天文观测时也是如此[2]。

他于1913年回到美国与家人团聚，本应在肯塔基州的路易斯维尔开一个法律事务所，但事实证明他先前只不过是暂缓了他对于天空的梦想。虽然哈勃回信给他在英格兰的朋友们说他正在处理一些法律案件，但实际上他当时是在新奥尔巴尼高中教物理、数学和

----

[1]　罗德奖学金是1902年设立的一项国际性奖学金，每年11月在18个国家和地区选取80名本科毕业生去英国牛津大学攻读硕士或博士学位，得奖者被称为"罗德学者"。——译注

[2]　乔丹·霍利迪，《在变革天文学之前，哈勃曾帮我们改写纪录册》（*Before Revolutionizing Astronomy, Hubble helped Rewrite Record Books*），《芝加哥栗色》（*Chicago Maroon*），2009年4月10日；艾伦·莱特曼，《发现：20世纪科学中的重大突破及原始论文》（以下简称《发现》）（*The Discoveries: Great Breakthroughs in 20th-Century Science, Including the Original Papers*, New York: Pantheon, 2005），第230页；玛西亚·巴图夏克，《我们发现宇宙的那一天》（*The Day We Found the Universe*, New York: Vintage, 2009），第170页；"罗德学者：1903—2015年完整名单"。莱特曼和巴图夏克提供了经过精细研究的、深入的哈勃传记描述。除了以上给出的两个题目以外，另请参见巴图夏克所著的，《宇宙的档案：转变我们对宇宙的认识的100个发现》（*Archives of the Universe: 100 Discoveries That Transformed Our Understanding of the Cosmos*, New York: Vintage, 2004），第414～424页。——原注

西班牙语，那是在与路易斯维尔隔着俄亥俄河相对的另一边[1]。他的父亲在那一年的早些时候去世了，因此他不得不回去帮助寡居的母亲和兄弟姐妹们。哈勃对此悲痛欲绝。不过，对于严父的沉重期望，他也有种如释重负的感觉。他从英格兰回来不到一年就辞去了工作，回到芝加哥大学，他在那里作为一名天文学专业的研究生注册入学。

在哈勃的发现之前，全世界每一部分的文明和神话都毫无保留地相信宇宙保持着稳定——而且不变。在那些延续几千年的创世神话中，各种文化通过求助于一个固定的天堂、静态的宇宙来努力抗争千变万化的自然现象——下雨、打雷、闪电、洪水和干旱。我们能看见夜空中不变的恒星，这无疑就支持了这种信仰。

在《论天》（*On the Heavens*）中，亚里士多德写道："亘古至今，根据世代流传下来的记录，无论是最外层的天空还是其本身的任何组成部分，我们都没有发现一丝一毫的变化。"早在古典时期，天文学家和哲学家们（这两者之间的区别直到现代才出现）就将天体分成两类：第一类是固定的恒星，它们看起来在升起和落下，但是随着时间推移，它们维持着相对排布；第二类是"游荡的恒星"，包括行星、太阳和月亮[2]。

固定的恒星也是古代希腊和印度占星传统中强大象征的组成部分。占星术是由对天体的观测紧密推动着的，它从许多方面为天文

---

[1]　玛西亚·巴图夏克，《我们发现宇宙的那一天》，第174页；克里斯蒂安森，《埃德温·哈勃》，第86～87页。——原注

[2]　亚里士多德，《论天》，第1卷第3章，英文版译者为W. K. C. 格思里，《洛布古典文库》（*Loeb Classical Library*, Cambridge, MA: Harvard University Press, 1971），第25页。固定的恒星确实具有视差，这是由于地球的轨道运动而引起的视位置变化。这种效应非常小，因此直到现代才被注意到，可以用它来求得邻近恒星的距离。——原注

学这一现代科学学科的发展铺平了道路。论述恒星和星座的最早文献之一是在名为《赫尔墨斯之书》（*Liber Hermetis*）的拉丁占星概略中找到的一份星表。这份星表年代久远，可追溯到公元前130年。无论如何，这似乎在日期上早于托勒密（约公元130年），但其中提到了许多托勒密后来在他的《天文学大成》中列举出的同样的恒星。除了《赫尔墨斯之书》中出现的那些以外，托勒密还列出了1020颗固定的新恒星，并且它们对希腊文化传统产生了重要的影响[1]。

永恒不变的天堂这个概念激发了许多诗人的灵感，因为它隐喻着瞬息万变的世界中的永久与恒常。存在着一个固定不变的领域，而无论它多么遥远、多么不可企及。这种理念为人类的灵魂提供了一种稳定的感觉。无论别的什么来来去去，恒星总是持久而安静的证人，它们见证着人类寿命的短暂戏码。描绘秩序的永恒舞台背景反复重申着一种天命般的宇宙神圣起源。固定不变不仅作为一种事实支配着人类的想象力，而且提供了一种方法来锚定人类的经历。在文学作品中，我们看到一些特别令人产生共鸣的例子。在14世纪但丁·阿利吉耶里[2]的寓言诗《神曲》（*The Divine Comedy*）中，描绘天堂的第八个同心球是固定的恒星所在的地方，正如托勒密所假定的一样。

威廉·莎士比亚（1561 — 1616）的在世时间与布鲁诺（1548 —

---

[1] 《赫尔墨斯之书》第一部分（*Liber Hermetis, Part* I, Berkeley Springs, WV: Golden Hind, 1993），英文版译者为罗伯特·佐勒，主编为罗伯特·汉德。《天文学大成》是公元2世纪托勒密的天文学和数学专著，其中提出的地心观点占据统治地位达1200多年，直至哥白尼出现才改变这种状况，因而这本书成为有史以来最有影响力的著作之一。——原注

[2] 但丁·阿利吉耶里（1265—1321），一般称为但丁，意大利中世纪诗人，现代意大利语的奠基者，欧洲文艺复兴时代的开拓人物。——译注

1600）、伽利略·伽利雷（1564 — 1642）、第谷·布拉赫（1546 —
1601）、约翰尼斯·开普勒（1571 — 1630）相合，他们全都是自然
哲学家，或者我会时代错位地称他们为早期科学家。他们的发现对
莎士比亚造成了极大的影响。伽利略对望远镜的改进从根本上向外
拓展了人类的视野，从而转变了我们对于天球的认识。不过从世界
观方面来看，托勒密在他的《天文学大成》中提出的地心理论仍然
占据着统治地位。这是天文学时代的黎明，而莎士比亚也在他的作
品中频繁用到天文学，他常常在他的剧本和十四行诗中唤起这些固
定不变的恒星。在《十四行诗第21首》中，固定不变的恒星意味着
爱的矢志不渝：

> 哦，让我既真心爱，就真心歌唱，
>
> 而且，相信我，我的爱可以媲美
>
> 任何母亲的儿子，虽然论明亮
>
> 比不上挂在天空的金色烛台[1]。

固定不变的恒星的象征意义在英国浪漫主义诗人中保持着流行
的风头。珀西·比希·雪莱在他于1813年写作的《麦布女王》[2]的
第五诗篇中写道：

> 多少个牛顿，在他沉默寡言的智慧，
>
> 那些在无垠中闪耀的巨大的星球，
>
> 他只看作一些金箔银箔的玩意儿，

---

[1]　威廉·莎士比亚，《十四行诗集》（*Sonnets*.ed.Thomas Tyler.
London:D.Nutt.1890）中的《十四行诗第21首》，可在"莎士比亚在线"
（*Shakespeare Online*）上找到。此处译文节选自梁宗岱译本。——译注

[2]　珀西·比希·雪莱（1792—1822），英国浪漫主义诗人。《麦布女
王》（*Queen Mab*）是他于1813年发表的叙事长诗。此处译文节选自上海译文
出版社于1983年出版的邵洵美译本。——译注

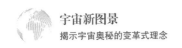

悬挂在天顶，为他故乡的午夜去照明！[1]

在这首诗中，麦布女王和艾安西精灵"乘坐一辆魔车从地球'庄严地上升'"，从而揭示出"人类未来的天堂"。这首诗有一个非同寻常的特征，即雪莱所附加的注解的篇幅——在诗本身86页的基础上加上了洋洋洒洒的93页注解。这是雪莱致力于科学的一个例子，在其中他利用最近发现和导出的那些科学断言，来支持他所采用的诗歌和预言元素构成的愿景。相对于坡试图仅通过提议而使人信服的做法，这是一个显著的转变[2]。

爱因斯坦虽然不是一位诗人，并且是在20世纪进行写作，但他对固定不变的恒星的着迷程度毫不逊色。需要证据的话，我们只需要看看他1917年那篇关于宇宙学理论的论文《论广义相对论的宇宙学问题》[3]，他在其中概述了一种新的引力理论（即如今很著名的广义相对论）的含义。爱因斯坦的那组所谓的广义相对论场方程解释

［1］　珀西·比希·雪莱，《麦布女王：一首哲理诗》（*Queen Mab:A Philosophical Poem*.New York:William Baldwin.1821），第46页。——原注

［2］　罗伯特·米切尔，《"这是你适宜的神庙"：雪莱的〈麦布女王〉中的科学、技术和虚构》（'*Here is thy fitting Temple': Science, Technology and Fiction in Shelley's Queen Mab*），《网上的浪漫主义》（*Romanticism on the Net*）特刊，《浪漫主义与科幻小说》（*Romanticism and Science Fictions*）第21期（2001年2月）。——原注

［3］　A.爱因斯坦，《论广义相对论的宇宙学问题》（*Kosmologische Betrachtungen zur allgemeinen Relativitatstheorie*），《普鲁士皇家科学院院刊》（*Sitzungsberichte der Königlich Preussischen Akademie der Wissenschaften* 1, 1917），第142～152页，由W. 佩雷特和G. B.杰弗里翻译成英文 "*Cosmological Considerations of the General Theory of Relativity*"（《广义相对论的宇宙学考量》）发表在H. A. 洛伦兹、爱因斯坦、H. 闵可夫斯基和H. 外尔所著的《相对论原理》（*The Principle of Relativity*, New York: Dover, 1952）第175～188页。——原注

了物质和能量如何都是由重力产生的，以及重力又如何转而影响了空间和时间的形状。这组方程中还包括了一项宇宙常数项，用希腊字母 Λ 来表示。在爱因斯坦的表述方式中，Λ 是一种对抗重力的吸引性质的反作用力，它确保了恒星和星云（即星系在当时的名称）在天空中的位置固定不变。爱因斯坦提出的理由是，可以通过选择 Λ 的值来维持这种微妙的平衡，而这又会确保一个具有固定大小的不变的宇宙。他十分聪明地设计了这一项，以保障其他所有认可其广义相对论的观测。Λ 的排斥效应对于我们的太阳系尺度会产生的观测结果是可以忽略不计的，只有在最大的宇宙学距离上才会显示出来。这些距离远远超过了当时观测所能达到的范围。

在这篇论文的结论中，爱因斯坦承认："［Λ］这一项仅仅在使物质有可能实现准静态分布时才是必需的，而物质的准静态分布则是恒星运行速度很小这一事实所要求的。"换言之，他对于这个 Λ 项为何以及如何产生并没有给出解释。他为证明这种修补的合理性而声称，需要与近邻恒星相对于更加遥远的参考系所显示的小本动速度或视运动取得一致。但是，增加这个额外的项并不仅仅是修正一个方程而更好地表示这种理论的一种方法。爱因斯坦做此修改的基本出发点显示出一种文化传统的延续，一种对于静态宇宙的根深蒂固的信仰[1]。

─────────────

[1]　A. 爱因斯坦，《宇宙学考量》，第188页。爱因斯坦后来显然宣称这个数学项（即宇宙学常数）是他"最大的错误"。此话的准确来源多少有些模糊不清。参见马里奥·利维奥所著的，《绝妙的失误：从达尔文到爱因斯坦——伟大科学家们所犯的重大错误，它们改变了我们对于生命和宇宙的理解》（*Brilliant Blunders: From Darwin to Einstein——Colossal Mistakes by Great Scientists That Changed Our Understanding of Life and the Universe*, New York: Simon and Schuster, 2013），第233页。——原注

在这个静态的宇宙中，爱因斯坦相信自己找到了他的场方程组的唯一可能解。但是在 1917 年，荷兰物理学家威廉·德西特[1]证明了存在着另一个解。这个解描述的是一个空的宇宙，其中没有物质。德西特以爱因斯坦的宇宙学理论为基础，提出了一种新的宇宙模型，他谨慎而谦逊地称之为"解答 B"，这是相对于爱因斯坦的"解答A"而言的。空间的几何结构是爱因斯坦的广义相对论中的一个关键特征，它在爱因斯坦的解答 A 或德西特的新解答 B 中都不随时间而变化。但是德西特大胆假设，相对于爱因斯坦的引力常数强度而言，宇宙的物质含量是微不足道的。在他的解答中，由于宇宙中没有物质，因此其命运就完全取决于爱因斯坦蒙混过关的花招——宇宙学常数。德西特的解答 B 具有两个惊人的含义：一是时间的量度取决于观测者在宇宙中所处的位置；二是星云在以奇异的方式移动——它们纯粹在占主导地位的宇宙常数项产生的强烈排斥力作用下快速彼此分开，从而压倒了引力的作用[2]。

德西特敏锐地密切注意着观测天文学的进展，因此知道天文学家维斯托·梅尔文·斯里弗[3]于 1913 年发表的关于向后退行的星云的那些观测结果。爱因斯坦并不了解天文学观测进展的最新情况。德西特在他 1917 年的论文中报告了以下观测结果：有几片星云正在以每秒钟好几百千米的速度急速离去。他提出，这些观测结果与他的预言相符，因此支持解答 B。这并没有令爱因斯坦和其他人信服。

---

[1] 威廉·德西特（1872—1934），荷兰数学家、物理学家和天文学家，在宇宙学方面有重大贡献。——译注

[2] 莱特曼，《发现》，第230～232页。——原注

[3] 维斯托·梅尔文·斯里弗（1875—1969），美国天文学家，他首先利用恒星光谱测量邻近星系的速度，从而为宇宙膨胀提供了最早的观测证据。——译注

他们认为德西特的宇宙模型是荒谬的，因为其中竟然不包含任何物质！尽管德西特的解答 B 遭到了否决，但他的工作是基础性的，这是由于他开启了一种全新的可能性——将爱因斯坦方程组里的时间作为变量来处理。德西特开创并推进了演化宇宙的概念，不过当时所需要的是更加符合真实宇宙的解答——这个宇宙中显然充满了星系，而不是空空如也。

德西特开启了一扇大门，由此开始考虑一个随时间变化的宇宙，而此门一开，没过多久这种理念就扩散开来，其他人也开始进一步探索这种可能性。其中一位这样的探索者是俄罗斯科学家亚历山大·弗里德曼[1]，他从 1922 年开始探究描述一个包含物质并随时间变化的宇宙的场方程组的解答情况。他将爱因斯坦和德西特的理念都抛弃了，并且用这些新的假设又求出其他的一些解答，即满足场方程组的随时间变化的解答。在他的模型中，宇宙最初是非常致密的，但它随着时间逐渐扩张和稀释。爱因斯坦阅读了弗里德曼的论文，但是立刻就摒弃了这一研究工作，因为他十分反对弗里德曼的计算。一定程度上是由于这一辩驳的结果，这篇论文从未受到广泛的阅读。此外，仅仅 3 年后，37 岁的弗里德曼就英年早逝。由于没有强大的拥护者，因此他的理念一直被人忽视。

事实上，爱因斯坦对于德西特和弗里德曼提出的解答都感到不悦，但其中的原因稍有不同。德西特的解答在爱因斯坦看来是荒谬的，因为其中假定了一个空的宇宙，而弗里德曼的解答则与爱因斯坦直觉上对于静态宇宙的依恋相抵触。作为回应，爱因斯坦发表了好几

---

[1] 亚历山大·弗里德曼（1888—1925），俄国数学家、气象学家、宇宙学家，他是用数学方式提出宇宙模型的第一人。——译注

篇匆忙写就的（并且是错误的）论文，声称在他们二人的计算中都发现了差错。不过当他自己的回应中的差错暴露出来时，他承认了这些也是可能的解答，虽然他仍然对此并不信服。因此，即使是这样一位被许多人视为偶像式科学家的人物，尽管依托着推理和逻辑，但他还是坚守着毫无合理基础的信仰。爱因斯坦认为宇宙必须静止的信念一直坚定不移，直到观测证据变得不可战胜才动摇了他的信念。

天文学中的理论和观测直至此时才偏离彼此平行的轨道，并且有一位令这两者发生交叉的欧洲牧师突然登场。这位谦逊的、年轻的比利时牧师、物理学家乔治·勒梅特[1]在这些推测性的理论解答与经验数据之间建立起了至关重要的联系，而这最终激励大家接受了哈勃的那些发现。1924—1925年在哈佛大学天文台期间，勒梅特认识到将理论和数据结合在一起的深远意义。他于1925年参加了在华盛顿特区举行的美国天文学会年会，在那里听说了哈勃的第一项重大发现，即存在着与我们自己的银河系截然不同的其他星系。他还知道了那位由印第安纳州农场男孩成长起来的天文学家斯里弗及其关于退行星云的结论。勒梅特注意到，将这两项观测结合起来，就意味着宇宙正在膨胀。他立刻恍然大悟，一项观测试验——目的是要为认可给出膨胀宇宙的那种理论解答提供所需的确凿证据——正在缓慢地浮现出来。在回到比利时勒芬的家中以后，他研究出了一个运动宇宙的模型。这与弗里德曼早前的工作很相似，虽然他对于弗里德曼的那些理念一无所知。这位有先见之明的勒梅特比其他所有人都领先了两步，他立即开始思索哈勃的那些发现所隐含的意

---

[1]　乔治·勒梅特（1894—1966），比利时天文学家，他首先提出了宇宙膨胀理论以及宇宙大爆炸理论，推导出哈勃定律，并估算出哈勃常数。——译注

义，以及这些新发现的星系在检验宇宙的各项特性方面的潜在用途。他渴望测试我们所观测到的宇宙是否与广义相对论协调一致。他在1927年的一篇论文中预言，星云飞离我们而去的速率与它们到我们的距离称正比，并总结道："这些银河系外星云的退行速度是宇宙膨胀导致的一种宇宙效应。"[1]声称这些退行星云的速率与它们到我们的距离成正比的这种线性关系是一个全新的结论，是弗里德曼先前没有注意到的。理论解答如今给出了一个清晰的预言，从而能够直接与天文学观测进行比较。勒梅特并不知道弗里德曼的纯理论计算，因为那篇论文早已石沉大海。不幸的是，勒梅特将自己的这种突破性理念用法语发表在了《布鲁塞尔科学学会年刊》上，而这是一份鲜为人知的杂志。因此，甚至1928年在剑桥期间与亚瑟·斯坦利·爱丁顿[2]（他是英国天体物理学界的知识巨人）这样一些大师相伴时，勒梅特也没能为他的工作获得关注。到1928年，运动宇宙的理论概念已经发表在科学文献中，然而没有人看到或为之动摇。

现在我们跳回到1912年和观测天文学的世界，即这些理论进展的背景。观测天文学家们在很久以前就已经发现了宇宙在运动的迹象。正如前文提到过的，第一批线索是斯里弗测量的星云速率，他

____

[1]　乔治·勒梅特，《用质量恒定、半径不断增大的均匀宇宙解释银河系外星云的径向速度》（*Un Univers homogène de masse constante et de rayon croissant rendant compte de la vitesse radiale des nébuleuses extra-galactiques*），《布鲁塞尔科学学会年刊》（*Annales de la Société Scientifique de Bruxelles*，47A，1927，p. 49-59），英文译文 "*A Homogeneous Universe of Constant Mass and Increasing Radius Accounting for the Radial Velocity of Extra-galactic Nebulae*"，《皇家天文学会月刊》（*Monthly Notices of the Astronomical Society*）1931年，第91卷，第483~490页，引言出自第489页。——原注
[2]　亚瑟·斯坦利·爱丁顿爵士（1882—1944），英国天体物理学家、数学家，他最早用英语介绍爱因斯坦的广义相对论。——译注

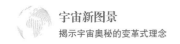

是用美国亚利桑那州洛厄尔天文台的 610 毫米望远镜在 1912 年进行测量的。当时仪器方面的重大进展是在望远镜上采用照相底板来捕捉那些昏暗天体的影像。尽管在 1840 年就成功地拍摄到了一个天体的影像，但这些技术的成熟还要很长时间。还要再过 50 年，人眼无法看见的那些暗淡恒星和昏暗星云才得以成像。到 20 世纪初，观测者们经常将照相机和其他仪器设备（例如通过显示光的各成分频率来揭示其化学特征的摄谱仪）连接到望远镜上，从而能够详细研究夜空中的物体所发射出的光。研究者们将望远镜指向特定的目标，并经过长时间曝光来收集它们的光线。这些数据以暗斑（负像）的形式在照相底板上留下印记，同时记录下了它们的位置和亮度。

这项革新技术使天文学家们能够利用将遥远的暗淡天体带入视野的长时间曝光来做永久记录。底片上的影像意味着天文学家们拥有了他们所看到的事物的永久证据。照相底板允许研究者们去分析他们的观测数据，并在照相框架中测量这些天体的各种特性。如今有了这种物证在手，天文学家们就能在白天重访和研究他们的照相底板了。这些底片还使观测数据能够很容易地得到传输和分享。最重要的是，由于可以对天体的亮度进行测量和校准了，因此对统计样本的定量研究就变得可能。随时间变化的现象如今最终可以用重复观测来进行识别和研究了。定量的证据可以由客观的来源——照相底板来提取和存档，而不像天文学家们的眼睛那样虽然经过训练，但仍然有可能产生偏差。尽管这在今天的我们听起来也许并不像是一个重大的进展，但是在像天文学这样无法在实验室中展开受控实验的领域中，这就是一个突破性的时刻。降低对主观观测者的依赖性并自动记录下数据，这是宇宙学有史以来最接近实验数据的时刻。

照相底板无疑是催生膨胀宇宙这一发现的关键器材。它们捕获了夜空的第一批可以在研究和分析中使用、储存和重新使用的持久图像，它们详尽地表现了夜空，从而便于研究者对各个单独的天体进行更为透彻的研究。

照相底板是照相底片的前身，是一块表面涂有用含银化合物制成的感光乳剂的玻璃片，可以在上面记录下一幅图像。照相底板在天文学中一直用到 20 世纪 90 年代，这是因为它们比胶片更加稳定，而且不容易发生弯曲或卷翘。许多著名的天文巡天项目都将数据记录在照相底板上。在数码相机发明之前，天文学中的得力助手就是照相底板。

摄影术有着悠久的、记录丰富的历史，不过我们的故事中所关注的是它对捕获夜空的影像所起的作用。天体摄影开始用于科学目的是在 19 世纪中期。拍摄暗淡的天体需要长时间曝光，因此望远镜不但需要结构稳定，还需要不断移动，以补偿地球转动的影响。要保持望远镜长时间聚焦于固定的一小片天空，这在当时是一项技术挑战。银版摄影术的发明者路易 – 雅克 – 曼德·达盖尔（1787—1851）于 1839 年拍摄下第一张月亮的照片。不过，由于长时间追踪目标曝光的难度，这张照片上的影像看起来像是一片绒毛。威廉·克兰奇·邦德[1]和约翰·亚当斯·惠普尔[2]在 1850 年 7 月 16 ~ 17 日首次拍摄下一颗恒星的照片，他们所使用的是哈佛大学天文台的 381 毫米望远镜，这架望远镜如今仍然安坐在剑桥镇花园街 60 号哈佛 – 史密松天体物理中心内的塔架上。

---

[1]　威廉·克兰奇·邦德（1789—1859），美国天文学家，哈佛大学天文台首任台长。——译注
[2]　约翰·亚当斯·惠普尔（1822—1891），美国发明家、早期摄影家。——译注

随后，在 1871 年，理查德·马多克斯（1816 — 1902）发明了轻型的胶质底片。他用各种各样的材料进行反复试验，结果发现照相底板在涂上用明胶固定的溴化镉和硝酸银后，对光的敏感度达到了令人难以置信的程度。在玻璃底板上制作出第一张照片并杜撰出"正片"和"负片"这两个摄影术语的，是天文学家威廉·赫歇尔的儿子约翰·赫歇尔[1]。约翰·赫歇尔自身也是一位卓越的科学家，他那篇很有影响力的论文《自然哲学研究的初步论述》（*Preliminary Discourse on the Study of Natural Philosophy*）于 1931 年发表在迪奥尼修斯·拉德纳[2]主编的《珍藏版百科全书》中。这篇文章清晰地表述了科学探究的方法，激发了许多科学家的灵感，其中包括博物学家查尔斯·达尔文[3]。赫歇尔开发出这样一种技术 : 在玻璃板的一面涂上含有感光化合物卤化银小晶体的明胶乳剂。这些晶体的大小决定了图像的敏感度、对比度和分辨率。乳剂曝光时缓慢变黑，于是捕捉到图像中的渐变层次而留下痕迹。

到 20 世纪初，照相底板已常规用于拍摄天文学图像，提取其中的信息需要紧锣密鼓的手工工作。当时哈佛大学天文台台长爱德华·皮克林[4]为此以 25 ～ 30 美分的时薪雇用了一批女性研究者，

[1]　威廉·赫歇尔（1738—1822），英国天文学家、作曲家，天王星的发现者。约翰·赫歇尔1792—1871），英国数学家、天文学家、化学家、发明家，对摄影术的发展做出了许多贡献。——译注

[2]　迪奥尼修斯·拉德纳（1793—1859），爱尔兰科普作家。他主编的《珍藏版百科全书》（*Cabinet Cyclopaedia*）共有133卷。——译注

[3]　查尔斯·达尔文写给W. D. 福克斯的信，1851年2月15日，可在《达尔文通信项目》（*Darwin Correspondence Project*）中找到。——原注

[4]　爱德华·皮克林（1846—1919），美国天文学家，光谱双星的发现者，1876—1918年担任哈佛大学天文台台长。——译注

其中包括亨丽埃塔·斯旺·勒维特[1]——她的工作对于哈勃所完成的使命是至关重要的。皮克林招募了勒维特和其他一些具有大学学历的女性来为他的宏大巡天项目工作，对天空中每颗恒星的亮度和颜色进行分类和精确测量。20世纪50年代，哥伦比亚大学与美国国际商用机器公司（International Business Machine，IBM）合作建立的沃森科学计算实验室开发出一种新的自动化方法来测量天文照相底板，于是机器最终取代了这些"人类计算机"。照相底板测量过程的自动化帮助我们从此后的一代代大面积巡天项目中提取数据。

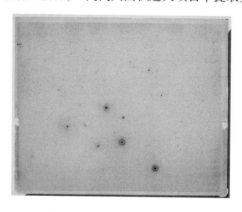

照相底板mf37250的一部分，这是蛇夫星座中的多恒星系统蛇夫ρ，拍摄于1948年5月30日。（图片由哈佛大学天文台提供。）

望远镜和照相底板的威力在于，它们把不可见顿变为可见，将瞬间顿时凝固，使过隙白驹顿成永恒。这些发展延伸了我们的感官，增强了客观性，并且完善了信息能够转变为证据的方式。天文学观测由此成为做出发现的手段，从而为各种宇宙现象提供证据。

[1]　亨丽埃塔·斯旺·勒维特（1868—1921），美国天文学家，她发现了造父变星光度与周期之间的关系，这一关系成为测量遥远天体距离的一种重要方法。——译注

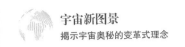

利用这些新的观测工具从数据中识别出早期线索之一的，就是上文提到过的斯里弗。他在 1912 年发现仙女座星云似乎正在以 300 千米 / 秒（大约相当于 100 万千米 / 小时）这样一个相当触目惊心的速率向我们冲来。到 1914 年，通过测量另外数个星云的速度，他发现它们也在奇怪地快速飞行，只不过是在远离我们而去。这些速率都是不可想象的。在 1912 年举行的印第安纳波利斯 800 千米汽车拉力赛上，最快的汽车记录下的平均速率只有 129 千米 / 小时。这些测量的部分令人费解之处是，这些惊人的高速完全超出了人类的理解范围。

当时人们已经知道，河外星系（external galaxy，当时被称为 "extragalactic nebulae"，即银河系外星云）是由过于昏暗或者彼此靠得太近以致肉眼无法单独区分的恒星所组成的集团。如今我们知道，在像我们的银河系这样的星系中包含着大约 1000 亿颗恒星以及气体、尘埃，并且宇宙中除了我们自己的银河系以外，还有好几十亿个其他星系。在斯里弗那个时代，到这些星云的精确距离都是未知的，天文学家们频繁争论的问题之一就是：这些遥远的星云是否在我们的星系内部，还是说它们是在我们的星系以外的一些岛宇宙？由此推断出的宇宙范围像现在一样是由可见的边界来界定的，即我们用可以得到的最好器材能够看到多远。作为一种概念，将星云设想为由太空中彼此孤立的恒星所构成的集团并不是什么新鲜事。英国天文学家托马斯·莱特（1711 — 1786）早在 1750 年就明确地表述了这种理念。莱特终其一生都沉浸在调和他自己的宗教和科学观点这样一种渴望之中，他在一种宇宙神学观点的框架内来构想这些天文实体。在距离得到测量之前，人们揣测宇宙的任何一部分样本都与任何其他部分十分相似，并由此假设如果所有恒星都与太阳的亮度大致相当，那么比较暗淡的那些看起来如此只是因为它们距离较远而已，因此就可以通过与太阳亮度作比较而估计出它们的距离。不过，富有创造力的莱特思考到了超越银河系的范围，他想象远在我们的栖息地之外可能也存在着星云。

与莱特同时代的一位哲学家伊曼努尔·康德[1]坚决支持这种断言，即在我们自己的信息之外存在着许多河外星云，他将这些星云称为岛宇宙。在康德于1755年出版的《自然通史和天体论》[2]一书中，他写道："我们看到空间分散到无穷远处，那里存在着一些类似的恒星系统［云雾状的恒星，即星云］。在这整个无限壮阔的范围中，天地万物处处都有条理地构成系统，而其中的各个成员都是彼此联系着的……一片广阔的领域还有待于发现，而观测会独力给出其中的关键。"[3]

哈勃1935年在耶鲁大学发表的西里曼纪念讲座系列[4]以《星云之境》为标题出版，他在其中描述了莱特的推测："单独一个恒星系统孤悬在宇宙中，这并不满足他的哲学思想。他想象有其他类似的系统，并将那些被称为星云的神秘云团作为这些系统存在的可见证

---

［1］　伊曼努尔·康德（1724—1804），德国作家、哲学家，德国古典哲学创始人。——译注

［2］　此书有上海人民出版社、上海译文出版社和北京大学出版社等多个中译本，书名均译为《宇宙发展史概论》。——译注

［3］　伊曼努尔·康德，《自然通史和天体论》（*Allgemeine Naurgeschichte und Theorie des Himmels*, Königsberg: Petersen, 1755）第一部分。哈勃本人在他的《星云之境》（*Realm of the Nebulae*, New Haven: Yale University Press, 1982）一书第23～25页将此段译为英文。——原注

［4］　西里曼纪念讲座系列是耶鲁大学自1901年开始并集结出版的一些列讲座。——译注

据。"[1]

天文学家们早已开始研究星云，斯里弗到1914年已测量出其中13片星云的速率，他利用的是光源与我们的相对运动所导致的光波长变化。正如当一辆救护车正在驶近时其警报声变得更为尖锐（具有更高的音调）那样，一个正在靠近我们的物体所发出的光的频率和波长会向着光谱的蓝端移动，或者说发生了蓝移。反过来，当一个发光物体正在远离我们而去时，波长会向着光谱的红端移动，其衡量值为红移。这种现象称为多普勒效应。斯里弗利用这种效应，借助我们在地球上接收到的光的波长拉伸或压缩（反映出物体的运动），从而估算出典型的星云正在以大约600千米每秒的速率远离我们而去，明显高于当时任何已知天体的速率。在接下去的8年中，他的数据累积到大约40片这样的星云，并发现它们似乎都在一致地发生退行，只有仙女座星云除外。包括哈勃在内的天文学家们都对斯里弗的这些结果陷入了思考，甚至像爱丁顿这样显赫的理论学家也对这些巨大的速率感到困惑。这些测量值令人迷惑不解，但大家都公认其重要性，因而需要进一步研究和理解。当时，这些星云位于银河系以外这一事实尚未得到确认，这是因为其中的关键位置量是它们到我们的距离。

1912年，勒维特和哈佛大学天文台向前迈出了关键的一步。当时的天文台台长皮克林的兴趣是要涵盖大片夜空，并由此探究天体的统计资料，而斯里弗则是更长时间、更深入地观察单个星系。皮克林的那支全部由女性构成的团队用放大镜仔细检视不断积累起来的照相测量图像底板，一丝不苟地进行着测量。勒维特和其余队员

---

[1] 哈勃，《星云之境》，第23页。——原注

负责计算恒星的位置和亮度，这些恒星在玻璃照相底板上呈现为非常小的暗斑（负像）。到这个时候，照相底板已经相当敏感了，因此每块底板上都包含着一千多颗呈现为暗斑的恒星。皮克林的娘子军（即他的"人类计算机"）执行了这些极端沉闷乏味的任务：测量和记录这些拥挤的照相底板上明亮恒星的各种性质[1]。

皮克林在哈佛大学天文台的"人类计算机"——受雇分析天文学数据的妇女，摄于1913年。［照片来源：哈佛大学档案UAV 630.271（E4116）。］

天文学家们意识到，如果一颗恒星的真实亮度是已知的，那么就可以利用其昏暗的表观亮度来直接测量它到我们的距离。例如，一旦我们知道一个正在发光的灯泡的亮度，假如它的观测亮度是这个亮度的1/4，那么我们就可以推断出它的距离是一个就在我们头顶上的灯泡的2倍。光源需要经过标准化才能进行比较。勒维特发现的正是这样一组已知亮度的恒星灯泡（即所谓的"标准烛光"）：

[1]　芭芭拉·L. 维尔特，《皮克林的闺房》（*Pickering's Harem, Isis* 73（1982）：94）。——原注

造父变星。将变化的恒星当作标准烛光的候选者，虽然这看起来也许有悖直觉，但是它们的变化中却存在着一种惊人的规律性，从而可以将它们用作定标仪。这些恒星的亮度以一种规则的、可预测的方式循环变化，其周期范围从几天到几个月不等。勒维特发现，一颗造父变星的内禀亮度（真实亮度）与它的脉动之间存在着一种关联。她的工作是在天空中同一区域的多块照相底板中寻找细小的变化，煞费苦工。比较亮的那些恒星呈现为比较大的暗斑。她将这些暗斑的大小与一块经过校准的、标准的"苍蝇拍底板"[1]进行比较：测量每个框架中的数颗恒星的亮度，并逐个检查单颗恒星的亮度变化。检查了数百块底板以后，在估测印记在照相底板上的一颗恒星的亮度方面，勒维特已成为当之无愧的专家。她寻找亮度在固定时间间隔内以规则方式发生变化的那些恒星。为了比较不同时间拍摄同一天区而得到的底板，就必须将它们与另一日期拍摄的同一片天空的正片对齐。假如负像与正像中的黑斑和白斑没有恰当匹配，那么勒维特就将这颗恒星确认为一颗变星。她魔鬼式地执行这种搜索，1908 年报告在南天的麦哲伦星云中发现了 1777 颗新的变星。在《哈佛大学天文台通告》（*Harvard College Observatory Circular*）上发表的一篇文章最后，她列出了 16 颗特殊的恒星（后来被证认为造父变星），其中"较亮的变星具有较长的周期"。由于所有这些恒星都位于同一片"云"或者说星云之中，它们到地球的距离很可能大致相同，因此她就能够断定它们的光变周期必定与它们的光而非它们的距离有关。较亮的造父变星具有较长的周期。勒维特意识到，将这

---

[1] "苍蝇拍底板"是一块只包含一颗恒星的小底板，用于在天文照相底板上移动，与各恒星比较大小以估算其亮度。由于这块小底板装有一根长手柄，形似苍蝇拍，因而得名。——译注

种关系反过来，她就可以估算出造父变星的距离了。由于两颗具有相同光度的造父变星具有相同的周期，因此假如其中一颗比另一颗显得更亮，那么它就必定比较靠近我们。其中的原因是很直截了当的：视亮度随着距离的平方减弱。假如一颗恒星的距离是另一颗的 2 倍，但视亮度与之相同，那么它的光度就是后者的 4 倍。勒维特提出的这种测量距离的方法包括以下步骤：测量一颗造父变星的周期及其视亮度；利用周期和光度的关系来估测其内禀亮度；随后将内禀亮度与视亮度相比较，以导出它到地球的距离。勒维特是唯一可能发现造父变星的人，这是因为她作为一名"人类计算机"，比任何与她相当的人都看过更多的底板[1]。

当然，要使勒维特的方法奏效，校准是必不可少的，需要一个由能够用另一种独立技术（比如说视差）测得其距离的邻近造父变星所构成的样本。不幸的是，当时银河系中没有任何一颗已探测到的造父变星的距离近到足以利用恒星视差来测定。当时唯一的前进之道只能是用统计方法来处理这个问题，即利用所谓的统计视差，其中包括银河系中的一批造父变星，它们跨越天空的缓慢组合运动是已知的。搜寻造父变星的行动开始了。威尔逊山的"金童"、天文学家哈罗·沙普利[2]开始在我们银河系中的不同位置寻找造父变星，并且在找到它们后（不正确地）断言，所有星云都处于我们的银河系内。后来，他利用球状星团中的造父变星证明了银河系是一个由

---

[1]　莱特曼，《发现》，第111~126页；亨丽埃塔·勒维特，《小麦哲伦星云中的25颗变星的周期》（*Periods of 25 Variable Stars in the Small Magellanic Cloud*），这篇文章的署名为爱德华·C.皮克林，《哈佛大学天文台通告》（*Harvard College Observatory Circular*），第173期，1912年3月3日。——原注
[2]　哈罗·沙普利（1885—1972），美国天文学家，主要从事球状星团和造父变星的研究，他提出太阳系不在银河系中心，而是在银河系的边缘。——译注

恒星构成的庞大系统，比任何人以前曾经设想过的都要大得多。这是造父变星测距法的第一次应用，沙普利还用它来估测了我们银河系的大小[1]。

为了拓展勒维特的这种技术，天文学家们需要进一步在河外星云中搜寻这类特殊的恒星，以获得对距离的估测。勒维特的造父星法迅速成为标准的宇宙标尺。正是在这种背景下，雄心勃勃、精力充沛的年轻哈勃抵达加利福尼亚州去通过世界上最强大的望远镜进行观察。甚至在哈勃1917年以题为《暗弱星云的摄影法研究》（*Photographic Investigations of Faint Nebulae*）的论文完成芝加哥大学的博士学业之前，已经有人向他提供了一份工作——加利福尼亚州南部威尔逊山天文台的一个研究职位。他延期一年，去参加了第一次世界大战。虽然他最后延期数年才回来，但是当他带着少校军衔离开军队时，这份工作仍然在等待着他。那个时候，西海岸的各研究机构称霸观测天文学领域。由华盛顿卡内基研究所[2]运作的威尔逊山天文台和加利福尼亚大学安置于汉密尔顿山的利克天文台拥有最好的望远镜及设备，因此在那个时候处于最前沿。当时最强大的望远镜是利克天文台的914毫米克罗斯利反射式望远镜和威尔逊山天文台的1524毫米反射式望远镜。哈勃的时机好得不能再恰到好处了，因为当他回归天文界时，距离新的2540毫米胡克望远镜在威尔逊山完工只有几个星期的时间，而这架望远镜很快就成为世界上

［1］ 哈罗·沙普利，《球状星团与银河系结构》（*Globular Clusters and the Structure of the Galactic System*），《太平洋天文学会会刊》（*Publications of the Astronomical Society of the Pacific*），第173期，1912年3月3日。——原注
［2］ 卡内基科学研究所是一个资助和支持科学研究的机构，由钢铁大王安德鲁·卡内基（1835—1919）于1902年建立，总部位于美国华盛顿特区。——译注

最大的望远镜[1]。时年30岁、满怀雄心壮志的哈勃有机会使用当时可能接触到的最好仪器。这可以说是行星连珠般罕见的机遇，因为他的两位潜在竞争者赫伯·柯蒂斯[2]和沙普利分别在他到达前后不久离开了加利福尼亚州，从而使这片前沿阵地对他完全敞开了。柯蒂斯与沙普利陷入了一场争论，内容是星云是像我们自己所在的银河系那样的岛宇宙，还仅仅是构成我们星系的重要部分的一簇簇恒星。他们对于银河系的大小以及星云的距离都各执一词。柯蒂斯不接受勒维特的周期 – 光度等式，而沙普利则成功地应用它来确定了银河系的大小。柯蒂斯想要以更小的时间间隔拍摄旋涡星系，以寻找新星和变星（哈勃最终就是这么做的），但他在1920年离开利克天文台，成为宾夕法尼亚州阿勒格尼天文台台长，他在那里无法继续这一研究项目，因此脱离了干系。不过，哈勃与沙普利同在威尔逊山的那两年中，他们之间长达一生的较劲开始了。后来沙普利迁居至马萨诸塞州剑桥市，并在经过一段试用期后成为哈佛大学天文台台长。他们虽然彼此嫌恶，却又保持着持续的通信，因为具有战略头脑且在政治上很精明的哈勃总是与有权有势的沙普利分享自己的想法和发现[3]。

―――――――――

［1］ 天文学向西部的转移在罗伯特·W.史密斯的《埃德温·P.哈勃以及宇宙学的转变》（*Edwin P. Hubble and the Transformation*）中有更为详细的描述，《今日物理学》（*Physics Today*），1990年4月，第52～58页。——原注
［2］ 赫伯·柯蒂斯（1872—1942），美国天文学家。他认为观测到的旋涡星云是在银河系外、与银河系相似的恒星系统，并就此问题在1920年与沙普利进行了一场著名的辩论，史称"沙普利-柯蒂斯之争"。——译注
［3］ 关于哈勃及其对科学同僚们的所作所为（兼具竞争性与合作性）的详细叙述，可参见巴图夏克的《我们发现宇宙的那一天》第169～250页以及莱特曼的《发现》第236～240页。哈勃在《星云之境》中描述了他自己的研究工作。——原注

　　哈勃决定去应对测量星云距离这一挑战。他利用勒维特的方法，开始寻找更多的造父变星。他花费了许多个漫长而寂寞的夜晚，安坐在那架 2540 毫米望远镜所装载仪器旁边的平台上，在一位助手的帮助下观测并追踪恒星的轨迹。哈勃穿着暖和的衣服，一旦望远镜嵌合到位并指向他意图观测的方向，他就会点着烟斗，缩身坐过去，注视着天空中缓慢移动的星辰。在这些守夜视天的夜晚之一，令他大为兴奋的事发生了。他发现了仙女座星云（最靠近我们的近邻星系）中的一颗造父变星，并成功测量出它到地球的距离是 90 万光年[1]，大约等于沙普利对邻近天体应用相同技术而估算出的银河系直径的 3 倍。

　　这明确证明了仙女座星云是远在我们自己的星系之外的一个河外星系。哈勃继续下去，又测量了数个其他星系的距离，结果证明它们全都远在银河系之外。由此，他确定了存在着真正位于银河系以外的星云，它们超越了我们的星系范围，远在天空的边缘。哈勃勤奋而耐心地继续从事他的旋涡星云成像工程。他的第一项重大发现是利用造父变星测定了星云 NGC 6822（探测到 11 颗变星）和仙女座（如今已探测到另外 11 颗变星）的可靠距离，证明它们分别位于 70 万光年和 100 万光年之外。这些巨大的距离比我们星系的估测直径要大得多，因此就意味着它们在银河系之外。哈勃在 1925 年一劳永逸地解决了柯蒂斯和沙普利之间积怨已深的争辩，从而一举成名。

　　我们的银河系绝非独一无二，它只不过是点缀在宇宙中的许多星系之一。就这一点而言，不仅地球无非是太阳系中绕着太阳旋转的另一颗行星，我们的银河系也无非是许多星系中的一个。我们占

---

　　[1]　1光年是指光在一年中行进的距离。假定光速为30万千米/秒，1光年相当于大约9.7万亿千米。——原注

据着宇宙中的一个特殊位置，这一根深蒂固的概念如今被消除了。然而，这只不过是另一段更强有力的化解过程的开端，而后者彻底重建了我们的宇宙知识地图。

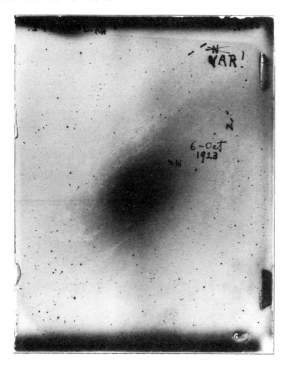

哈勃的M31照相底板图像，其中标示出了第一颗造父变星的位置。哈勃在仙女座星系（M31）中找到了这类用来测距的恒星。他最初以为这是一颗新星，因此用一个"N"来标注。在意识到这是一颗变星后，他在图像上写下了"VAR！"。（图片由华盛顿卡内基研究所天文台提供。）

做出这项发现后，哈勃在天文学界牢固地确立了他的名声。由于他所受的律师训练产生的影响，他是一位极其仔细和谨慎的观测者，对于如何呈现自己的结果总是讲究策略，很少匆忙行事。他采

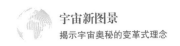
取一切预防措施，辛勤工作以争取潜在的敌人和对手的支持，并努力做到滴水不漏，以说服怀疑论者们相信其观测结果的准确性。此外，他从不试图通过任何特殊理论模型的视角来解释他的观测——他将这项任务留给了理论学家。哈勃继续确定了数个其他星系的距离后，最终领会到一种逐渐浮现出来的模式：星系的退行是如何取决于它们到我们的距离的。

假如造父变星位于大约 500 万光年之外的话，那么即使以那架 2540 毫米望远镜前所未有的观测距离，也无法轻易认出它们。哈勃利用最明亮的恒星中的几类（O 型星和 B 型星）作为标准烛光继续向外推进。有了这种方法在手，再加上他能够使用可能得到的最好仪器，他最终将注意力转向斯里弗的由那些正在飞速远离我们而去的星云所构成的样本。虽然哈勃能够接触到斯里弗的数据，但是他并不知道弗里德曼和勒梅特的理论文章。哈勃不太可能产生过膨胀宇宙的想法，也不会以这样一种理论的观点来解释他的数据。理论召唤的方向是关于宇宙的一幅全新图景，将宇宙作为一个动态的实体。这是一个巨大的哲学和智力飞跃，因为它暗示着空间本身正在以某种方式向外伸展，这是一个非常难以理解的概念。

哈勃有当时能够获得的最敏锐的仪器相助，在当时世界上最好的天文台工作，因此他做到了任何其他人都无法做到的事。1929 年，他展示了自己的数据和斯里弗的数据，并明示了星云的退行速度与它到我们的距离之间似乎存在着一种线性关系。因此，位于两倍距离处的星云飞离我们而去的速率也是两倍。这一关系现在称为哈勃定律。关联速率和距离的比例常数称为哈勃常数。虽然在哈勃的那个由 24 片星云构成的最初样本中就存在着微弱的趋势，但绝不具有说服性。早先取得的成功鼓舞了他，他也不再是那位谨小慎微的科学家了，因此他大胆宣称：他论文中的那幅图中的数据表明，这样的一种关联是存在的。他假设这种关系，确实实现了一次信仰的飞跃。尽管哈勃有着巨大的雄心和热情，但是得到这一非凡发现后，他和天文界都花费了数年的时间才意识到其意义和重要性。只有将这些测量值延伸到比第一篇论文中所报告的星系距离更远的那些星系，哈勃才能够令人信服地给出线性关系，而这是他在1931年与米尔顿·赫马森（1891 — 1972）合写的一篇论文中做到的。天文学家们需要勒梅特的理论模型，再加上哈勃和赫马森的观测，才认识到哈勃的这些发现具有多么根本的变革性。当然，在这整个过程中，尽管哈勃是膨胀宇宙确凿证据的发现者，他本人却对于这种解释一直保持着怀疑态度！

完全重塑我们世界观的开端，到1931年已开始顺利进行了。哈勃的这些发现预示着接下去将要发生的事情（越来越引人注目的发现），这些发现颠覆了我们认为宇宙稳定不变的概念。这是我们第一次窥视到我们这个不安宁的宇宙。

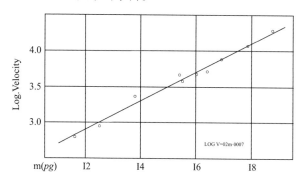

导出速度–距离关系时实际观测到的各量之间的关系。每个点都表示一团或一群星云的以下函数关系：纵轴为红移观测值的对数平均值（表示为速度标度），横轴为视照相星等的平均值或最频值。

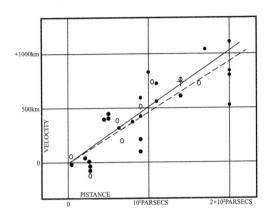

银河系外星云的速度-距离关系。纵轴为经过太阳运动修正的径向速度，横轴为根据成团星云中包括的恒星和平均光度所估测的距离。实心黑点和实线表示用单个星云计算太阳运动所得的解，空心圆圈和虚线表示将星云组合成团时的解，十字表示距离不能单独估测的22片星云的平均速度，对应于其平均距离。

上图：哈勃和和赫马森在论文《河外星云的速度-距离关系》（*The Velocity-Distance Relation among Extra-galactic Nebulae*）中发表的数据，《天体物理学杂志》（*Astrophysical Journal*），1931年，第74卷，第43页，图4。版权归美国科学院所有，经许可复制。

下图：哈勃证明线性关系这一假设的观点，选自《银河系外星云的距离与径向速度之间的关系》（*A Relation between Distance and Radial Velocity among Extra Galactic Nebulae*），《美国国家科学院论文集》（*Proceeding of the National Academy of Sciences*），第15卷第3期，1929年3月15日，第172页，图1。

为了理解理论与观测如何相互抵触与啮合，我们需要回到爱因斯坦方程组的勒梅特数学解。勒梅特的星云退行速度与其距离成正比的理论预言仅在质量均匀分布的宇宙中成立，因为这样的话就会存在同时面向所有方向的均匀膨胀。假如宇宙中有些区域的质量分布呈团块状，那么勒梅特的解就不成立——他的模型要求宇宙是毫无特征的、相当均匀的。哈勃和斯里弗所收集到的数据只延伸至600万光年远处，因此显示出空间中充满了星系，很难说是均匀的。根据我们目前所理解的物质在宇宙中的分布，均匀性假设仅在比哈勃最初所涉足的尺度要大得多的尺度上才成立。在我们现今已触及的巨大尺度上，单个星系所产生的颗粒性开始被抹平，正如我们皮肤中单个细胞凹凸不平的结构看起来却显得光滑那样。

　　根据勒梅特的解答，在较小的尺度（即哈勃和斯里弗进行测量的那些尺度）上，宇宙不应该是均匀的，也不应预期退行速度与距离之间存在着线性关系。哈勃在1929年撰写他那篇论文时，并不知道勒梅特的模型所给出的这些预言，因此他只是做出了一个大胆猜测，而结果却证明这是正确的。事实上，哈勃和赫马森在将他们的距离范围延展至100万光年后，才为线性关系找到了令人信服得多的证据。他们于1931年联合发表的那篇论文中的数据为这种关系的断言提供了理由，因为他们恰好触及了边缘，并在均匀性开始生效、勒梅特的解答也因此成立的范围内取样。哈勃并没有将这种线性关系理解为是均匀和膨胀宇宙所造成的鲜明特征和后果，他所知道的只是他的发现与宇宙学具有相关性。认识到他的这些结果的深远含义，是他留给理论学家们的一项任务，其中主要是获得爱丁顿支持的勒梅特。赫马森与哈勃1931年的论文提到了德西特的理论模型，尽管只是一笔带过，但对勒梅特的模型却只字不提。顺便提一下，斯里弗早先得出了哈勃1929年那篇论文中所报告的几乎所有红移，然而哈勃却没有对他表示致谢。竞争对抗关系就在应明确分配功劳

时这些看起来细小的疏忽中反映出来。我们至今仍能悲哀地看到，这种由于竞争关系而驱使的不幸做法、在发表时的争先恐后，以及出于疏忽而遗漏或者偶尔为了满足个人野心而故意拒绝致谢其他人的工作依然盛行不绝。此类失检的行为是大家争着首先发表新发现、索求学术荣誉的后果。

哈勃是一位锲而不舍的实验科学家，他的想法都是完全由数据驱动的。不过，他敏锐地意识到了对理论框架的需求，并在《星云之境》中沉吟道："观测和理论是交织在一起的，因此试图将它们完全分开是徒劳无功的做法。观测中总是包含着理论。"[1]

随着正在逃离的星云越来越多的消息传来，观测领域出现了热闹的景象，因此勒梅特决定再推销一次他的理论工作。在1929年哈勃发表数据后，他再次给爱丁顿寄去了他1927年那篇论文的复本。爱丁顿在仅仅将各点连接起来后，就大力鼓励勒梅特在有名望的、具有广泛阅读量的《皇家天文学会月刊》（*Monthly Notices of the Royal Astronomical Society*）上用英文重新发表他的论文，并亲自提倡这一模型。他的倡导迫使爱因斯坦最终对此加以关注。在早先的1927年，爱因斯坦在他对勒梅特的论文提出批评时曾经不留情面。他说过："你的计算都是正确的，但你的物理洞察力糟糕透顶。"[2]

在这个时候，爱因斯坦还回忆起了自己曾错误地批评过弗里德曼的那篇论文，于是掉转头去支持膨胀宇宙模型。事实上，在哈勃1931年组织威尔逊山天文台图书馆的那次研讨会之后，爱因斯坦就曾公开宣布自己关于静态宇宙的观点是错误的，而且他在方程组中

[1] 哈勃，《星云之境》，第23页。——原注
[2] 史密斯，《埃德温·P.哈勃》（*Edwin P.Hubble*），第57页。——原注

添加的那个额外的项也毫无用处。新闻工作者乔治·格雷在这一事件后不久就在《大西洋月刊》（*Atlantic Monthly*）上撰文，将这项发现描述为"宇宙的一幅全新图景———一个正在膨胀的宇宙，一个巨大的气泡在鼓起、扩张、散开，逐渐稀疏成薄纱状，消失于自身之中。"[1]

一个新的宇宙揭开了面纱，它有着一个时间上的开端，并且自此以后一直在持续膨胀。1932 年 9 月 7 日，《纽约时报》（*New York Times*）刊登了来自费城富兰克林学院博物馆副馆长詹姆斯·斯托克利的报道，开头引用了爱丁顿的话："膨胀宇宙如今已成了科学中的一块确定无虞的地方。"[2]勒梅特早已提供了一个优雅的理论框架，在此框架中来解释哈勃从观测数据中发现的膨胀现象。哈勃自己艰难地接受了这种作为膨胀宇宙的证据来对他的线性关系所做的解释。他在 1936 年的论文《红移对星云分布的影响》的摘要中充分清晰地表明了这一点："高密度意味着膨胀模型是对这些数据的一种牵强的解释。"[3]

然而，爱因斯坦与哈勃的故事并不仅仅止步于在解决宇宙命运的问题中给出证据和解释这一作用，它还明示了个人信念可能难以动摇，结果导致即使对于那些自己发现有证据支持的理念，也会顽固地加以抵抗。哈勃的不适感起因于对数据的解释。这些遥远的河外星云的红移测量值是否确实是速度漂移，他对此并不确定，因为

---

[1] 乔治·W. 格雷，《看不见的东西》（*Invisible Stuff*），刊于《大西洋月刊》，1931年7月，第47～56页。——原注
[2] 詹姆斯·斯托克利，《爱丁顿描画膨胀宇宙》（*Eddington Pictures Expanding Universe*），《纽约时报》，1932年9月7日。——原注
[3] 埃德温·哈勃，《红移对星云分布的影响》（*Effects of Redshift on the Distribution of Nebulae*），刊于《天体物理学杂志》1936年第84卷第517～554页，该引文出现在第517页。——原注

正是这一认同导致了均匀膨胀宇宙的模型解释。对他而言，在他脑海中缺乏任何其他令人满意且不得不接受的解释的情况下，这些红移并非速度漂移的假设是一种更为简练的推断结果。他觉得在接受一个小尺度宇宙和接受一种可能的新物理原理之间，正在做出选择。他确实更偏爱这样一个结论：他从观测上测得的系统红移效应很可能不是由于真实的弗里德曼－勒梅特膨胀，而是由一种尚未发现的基本自然法则所驱动的。

另一方面，爱因斯坦的抗拒则具有深层次的根源。最近有新的证据浮出水面，证明了他放弃稳定的、不发生演变的宇宙的勉强程度。尽管他公开接受了膨胀宇宙的概念，但是 2013 年在位于耶路撒冷的希伯来大学的档案中发现，他的论文中夹杂着一份以前不为人所知的手稿。这份手稿表明，甚至在哈勃邀请他参加那场在威尔逊山举行的具有决定性意义的研讨会之后，他还曾私下奋力想复兴静态宇宙模型。在这份标注日期为 1931 年的手稿中，爱因斯坦探索了这样一个模型：由于存在某种不断从空的空间中产生出物质来的过程，因此宇宙的平均密度保持固定不变。在这种模型中，只不过一个静态宇宙看起来好像显得动态而已[1]。

爱因斯坦探讨了一种权宜之计来补偿宇宙的膨胀。这份手写的 4 页草稿所阐述的这一模型与他以前曾探索过的许多其他模型都大相径庭。这篇新发现的论文揭示出他当时正在漫不经心地探讨稳态宇宙模型，而且这在时间上还早于 20 世纪 50 年代由弗雷德·霍伊尔

[1] 科马克·奥莱费尔泰、布兰登·麦卡恩、维纳尔·那姆和西蒙·米顿《爱因斯坦的稳态理论：一种被抛弃的宇宙模型》（*Einstein's Steady State Theory: An Abandoned Model of the Cosmos*），《欧洲物理期刊H》（*European Physical Journal H*），2014年第39卷，第353～367页。——原注

（1915 — 2001）、赫尔曼·邦迪（1919 — 2005）和托马斯·戈尔德（1920 — 2004）建立起来的稳态宇宙模型。这份从未发表过的手稿的发现者科马克·奥莱费尔泰、布兰登·麦卡恩、维纳尔·那姆和西蒙·米顿认为爱因斯坦的计算中有一个致命的数学缺陷，这可能就是他舍弃这一模型的原因。他似乎早于研究这一问题的其他人很久，事实上他在数十年之前就已经在努力应付宇宙的稳态和演化模型问题。在一份题为《论宇宙学问题》（*Zum Kosmologischen Problem*）的署名手稿中，他概述了这一未经发表的模型，这份手稿早先被认为是另一篇论文的早期版本。爱因斯坦完全放弃了这种计算，而在随后关于宇宙学模型的任何一篇论文中也都没有再提到过它。在这份手稿中，他建立这种模型的起点是一些基本原理：宇宙常数得到保留，并且其中既没有提到弗里德曼的分析，也没有涉及爱因斯坦自己在 1931 年之前发表的任何演化模型。关于爱因斯坦的一个令人感兴趣的方面是，虽然他在 1931 年和 1932 年满腔热情地与德西特一起写了两篇关于膨胀宇宙模型的论文，但他却仍然在暗地里摆弄着这种稳态模型的理念。他拼命地试图恢复固定不变性。在这份手稿中也没有提及宇宙的起源问题，而这是爱因斯坦对于勒梅特的解答感到不快的主要原因之一。由此看来，激发他坚持寻找稳定宇宙的动机并不是他反感勒梅特理论的细节，而是不得不尴尬地面对宇宙的开端并做出解释。也许这是在静态宇宙即使看起来非常不可能的情况下，他还想恢复静态宇宙的最后努力。

20 世纪 30 年代末，天文学界的大部分人以及公众都已信服了宇宙的膨胀，然而即使在举足轻重的爱因斯坦和爱丁顿都公开给予支持后，科学界中仍然有些人对这种宇宙学解释心存怀疑，其中就包括哈勃。事实上，哈勃直至他的最后一篇论文都还仍然保持着膨胀也许并不是真实的这样一种信念。这篇论文的内容是他在 1953 年 5 月所做的英国皇家天文学会乔治·达尔文演讲[1]，而这就在他去世前的 4 个月。将勒梅特的解答在时间上反向外推，就暗示着空间和时间都存在一个清晰的起点。需要一个起点，这令好几位宇宙学家感到不安。弗里德曼和勒梅特的膨胀宇宙模型意味着宇宙在早先不仅比较小，而且比较致密。这当然就不可避免地导致了宇宙起源这个深刻的问题。勒梅特假设宇宙可能起源于一次原初大爆炸，其后产生了膨胀。这就意味着宇宙具有一个起源，一个万物开始的瞬间。尽管这一大爆炸模型有着强有力的支持，但它仍然有一些涉及化学元素形成和宇宙年龄这些需要解决的问题。

尽管由哈勃的数据（以及他欠勒维特的人情）引起了一场革命，但他们两人都没有获得诺贝尔奖。哈勃受到了天文学界的称颂，并赢得了许多奖项和奖章，但他在晚年花费了许多时间倡导将天文学作为一个分支领域纳入物理学范围。他的本意是去游说将像他自己这样的天文学家也作为诺贝尔奖的考虑对象。不幸的是，这在哈勃的有生之年没有实现。不过，诺贝尔奖委员会最终决定扩展物理奖的授奖范围，将天文学纳入其中。1925 年，瑞典科学院的格斯塔·米塔格 – 莱弗勒（1846—1927）写信给勒维特，说他想提名她作为诺贝尔奖候选者。他当时并不知道她已在 3 年前去世了。

虽然第二次世界大战的爆发使科学资源改道投向了战事，因而

---

[1] 英国皇家天文学会乔治·达尔文演讲以英国天文学家、数学家乔治·达尔文（1845—1912）的名字命名，每年举行一次，演讲者为英国国内或国外的著名天文学家。——译注

限制了 20 世纪 40 年代宇宙学的进展，但这也导致了一些基本的技术进步，而这些进步以不曾预料到的方式改造了这一领域。新工具的发展改变了能够提出的与回答的问题的种类。核物理领域中所取得的进展使科学家们能够进行一套新的计算，从而得到最初宇宙膨胀时会产生的那些化学元素的丰度。1946 年，出生于现今乌克兰的美国物理学家乔治·伽莫夫[1]计算出原初粒子汤可能会如何创造出各种各样的元素。伽莫夫和他的同事们假设初始状态是由辐射和亚原子微粒（电子、质子和中子）构成的一锅无限炽热、无限致密的宇宙炖汤——这是勒梅特的预言，由此估算出早期宇宙会产生出的氢和氦的丰度。他们使用了为炸弹方面的计算而研发出来的电子数字计算机。当时对于这种初始宇宙膨胀假设的不满正在不断上升，并且从大西洋彼岸发起了一场新的挑战：宇宙可能处于一种稳定的状态且不发生变化，但却不是静态的。驱使反对者们贬损大爆炸模型的原因是伽莫夫没能预言除了氢和氦以外其他元素的形成。我们现在知道氢和氦占据了宇宙中 99% 的物质，不过更重的元素（如铍、硼和铁）确实也存在。那个时候，它们的起源还不清楚。早期宇宙和热宇宙膨胀似乎无法预言它们的存在。正是不能预言元素合成这一点才导致霍伊尔杜撰出"大爆炸"这个略带轻蔑的术语，他认为"大爆炸是一个无法用科学术语来描述……也不能诉诸观测来对其提出

---

[1]　乔治·伽莫夫（1904—1968），俄裔美国物理学家、宇宙学家，以倡导宇宙起源于"大爆炸"的理论闻名，对分子遗传学也做出过贡献。他还是一位杰出的科普作家，共出版过18部科普作品，其中许多风靡全球，并于1956年获得联合国教科文组织颁发的卡林伽科普奖。他的《物理世界奇遇记》（*The New World of Mr. Tompkins*）、《从一到无穷大》（*One Two Three … Infinity*）等均有中译本。——译注

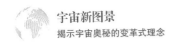

有关证据的不合理过程"。[1]

根据物理界的坊间传说，剑桥的3位朋友霍伊尔、邦迪和戈尔德是在1947年观看一部电影后想到永恒、稳态的宇宙这个概念的。这部电影讲述的是一个兜了一圈后恰好结束在其开始处的鬼故事。这几位科学家的友谊可追溯到他们在第二次世界大战期间共同研究雷达的工作经历。他们构成了一个强大的三人组合：霍伊尔是一位具有敏锐洞察力的通才式的思考者，邦迪是一位优秀的数学家，而戈尔德则是一位非常富于创造力和想象力的科学家。霍伊尔回忆道："人们倾向于认为那些不变的情况就必定是静态的。这部讲述鬼故事的电影对我们3人都造成了强烈的影响，那就是使我们消除了这种错误概念。有一些不变的情况可能是动态的，例如一条平稳流动着的河。"这就启发他们去考虑：即使宇宙是在持续膨胀着的，它是否还有可能看起来是一样的？[2]

存在这种可能性的唯一条件是物质被连续不断地创造出来。这样，新的星系就能形成，并填充较老的那些星系相互漂离后留下的那片区域。这种新模型（即稳态宇宙）纳入了膨胀，但是摒弃了开始和终结的理念。根据这种稳态模型，宇宙是永恒的。对于许多具有哲学倾向的宇宙学家而言，霍伊尔、邦迪和戈尔德提出的稳态模型是有吸引力的。首先，由于物质持续不断地被创造出来，因此他们的宇宙即使在发生膨胀的情况下也不会被稀释。其次，这种模型

［1］　弗雷德·霍伊尔，英国广播公司无线电广播节目，1949年3月28日，重刊于《听者》（*Listener*）周刊，第41卷，1949年4月7日，第568页。——原注

［2］　弗雷德·霍伊尔，《再论稳态宇宙学》（*Steady State Cosmology Revisited*），发表于《宇宙学与天体物理：托马斯·戈尔德纪念文集》（*Cosmology and Astrophysics: Essays in Honor of Thomas Gold*, ed. Yervant Terzian and Elizabeth M. Bilson, Ithaca: Cornell University Press, 1982），第51页。——原注

规避了起源这个疑难问题。大爆炸模型不仅没能描述比氦更重的那些元素的来源，而且由它所预言的宇宙年龄比已知的太阳系年龄还要小得多。这些都是当时大爆炸理论中的明显漏洞。

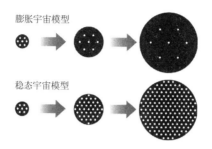

膨胀宇宙模型

稳态宇宙模型

表示膨胀宇宙模型和稳态宇宙模型的示意图。在稳态模型中，即使在宇宙发生膨胀时，点的数密度也保持不变。

因此，认为宇宙在空间和时间上都是均匀的这种提议推进了稳态模型。这场争辩也带上了宗教的色彩。1952 年，教皇庇护十二世对大爆炸宇宙学提出支持，这是因为它与教会所假定的神圣造物主理念不谋而合。稳态理论中没有时间上的固定点，即没有宇宙的开始与结束，因此被视为代表了无神论观点。不过，并非稳态模型的所有支持者都是无神论者，其主要代表者之一威廉·H. 麦克雷就是一位坚定的圣公会信徒。不过总的来说，摒弃了对于开端的需要，也就消除了对于一位宗旨明确的造物主的需要，而这与无神论者的宇宙概念是一致的。

美国的天文学家们也认为静态模型很有吸引力，不过他们并不就此认为尘埃落定。他们觉得这两种理论相互抵触的断言应该通过观测来解决，此外别无他法。最终摧毁稳态模型、支持大爆炸理论的那些关键发现主要来自对宇宙微波背景辐射及宇宙年龄的测量，测量结果所确定的宇宙年龄令人安心地比我们的太阳系要大。此外，那些关键发现还来自于对核合成（化学元素的形成）更深入的理解。人们搞清楚了比氦重的那些元素是如何在恒星中心处而不是在早期宇宙中合成的。当然，也有一些复兴稳态模型的尝试，做此努力的主要是霍伊尔，不过这种模型始终未能成功地解释日益丰富的观测数据。为稳态模型敲响丧钟的是 1965 年发现了微波辐射，这是大爆炸留下的遗迹，是来自炽热、致密的宇宙开端的原初杂音的回声。这两种模型之间的争论持续白热化了大约 20 年，不过稳态理论越来越无法解释源源不断的观测数据，进行这些观测的仪器运转在许多波段上——光学、射电及微波。历史学家赫尔奇·克劳在其所著的《宇宙学及论战：两种宇宙理论的历史发展》一书中，纪实性地描述了这两种模型之间的各种类同和相异之处，并为这场对抗最终是如何解决的提供了详细的描述[1]。

此外，第二次世界大战期间，在曼哈顿计划之下研发出来的更加精密、更加快速的计算机刺激了计算科学的发展，从而有可能展开一系列新的理论计算。为获得元素丰度所需的复杂化学网络和反应速率以及恒星演化此时都可以计算了。所有这些新开发的仪器设备提供了新的预测，从而使稳态模型销声匿迹了。不过，确认大爆炸模型的关键数据是无处不在的微波背景杂音的发现，我们将在第 5 章中展开讨论。

稳态理论的终结展示了以经验为依据的观测的威力，以及日益积累的证据是如何对一种理论提出挑战或提供支持的。显而易见，

［1］　赫尔奇·克劳的《宇宙学及论战：两种宇宙理论的历史发展》（*Cosmology and Controversy: The Historical Development of Two Theories of the Universe*, Princeton: Princeton University Press, 1996）。——原注

稳态理论是可以证伪的，因为它做出了一些认定与大爆炸模型相区别的具体预言。

膨胀宇宙的发现和大爆炸模型的建立表明了具有知识影响力的那些个人在接受或摒弃新理念的过程中所起的强大作用，不过它们也同样显示了实验证据和数据才是最终的仲裁者。20世纪20和30年代，理论和观测之间的强大交互映衬（解开宇宙奥秘的那种协作性的、富有成效的相互影响）也标志着一门新学科的诞生。这就是宇宙学，它研究的是宇宙及其中所包含的万事万物的属性。这项新的雄心勃勃的事业自此以后在影响力和冲击力方面都发生了引人注目的变化。此外，大爆炸宇宙学的基本假设之一自从哈勃最初的发现开始就得到了足够观测数据的支持。这一基本假设就是宇宙学原理，它断言宇宙是均匀的，即在各处都相同，并且是各向同性的（在各个方向上都相同）。随着将哈勃的数据扩展到宇宙中更远的范围，在最大尺度上，宇宙被认为是遵循宇宙学原理的。在对哈勃的数据做出解释时所隐含的另一个似乎也成立的关键假设是：我们已发现的那些物理定律在宇宙的每一小块中都是有效的，不仅是在我们的银河系中，而且在远远近近的所有其他星系中也是如此。对于大爆炸模型（具有致密的、炽热的开端并随后开始以恒定的速率快速膨胀的宇宙）的支持在持续地增长着。

第3章 黑暗的中心：黑洞成真

黑洞是宇宙中质量最大、最致密的天体，为我们的想象提供了丰富的素材。比如日本高桥留美子的系列漫画《犬夜叉》，其中的人物弥勒手中带有一个黑洞之咒。他从一位祖先那里继承了这个诅咒，确保任何与他的手相接触的物质都会在瞬间被猛烈地吸进一个名为"风穴"的空洞。每过一年，他的黑洞都会增长，从而产生吸入并杀死弥勒自己的威胁[1]。一个神秘物体消灭沿途的一切，这一骇人景象是一种常见的比喻。在2008年的金融危机之后，大众传媒将华尔街描述为黑洞，而浏览《纽约时报》的一些文章时也可以看到，在描述恐怖主义监视名单和米特·罗姆尼[2]的财务状况时都用到了黑洞一词，暗指在这些主题上完全没有任何信息。

---

[1]　高桥留美子的《犬夜叉》从1996年到2008年最初连载于《周刊少年·星期日》（*Weekly Shōnen Sunday*）。弥勒也出现在日本动漫《犬夜叉》第1季第16集中，这一集的首次播放时间是2001年2月19日。另请参见鲁珀特·W. 安德森的《宇宙纲要：黑洞》（*The Cosmic Compendium: Black Holes*）第57页，该书通过Lulu.com在2015年自助出版。——原注

[2]　米特·罗姆尼（1947－），美国商人、政治家，第70任马萨诸塞州州长，2012年美国总统选举时的共和党提名候选人，败于寻求连任的贝拉克·奥巴马。——译注

正如我们已经看到的，接受以太阳为中心的太阳系和膨胀宇宙这些概念的旅程并不是一帆风顺的。接受黑洞的路径也与此类同，从奇异的数学实体变成被人们接受的理论，变成出现在大众文化中的片断。

在天文学中，黑洞是一个有去无回的物理位置。不过，没有人能完全确定是谁率先使用这个术语来指代这些天体物理中的异类。科学作家玛西亚·巴图夏克在追踪其应用时注意到，虽然物理学家约翰·阿奇博尔德·惠勒[1]并没有声称过是他始创了这个术语，但相当确定的是他令这种用法得到普及并具备合法性[2]。1964年，他在美国科学促进会的一次会议上所做的报告中使用了这一术语。它就这样沿用下来了。

如今我们知道黑洞即使不是存在于所有星系的中央，也存在于大多数星系的中央。我们自己的银河系就怀抱着这样一个黑洞，其质量是我们太阳质量的400万倍。在更遥远的地方，那些活动的、不断增大的黑洞产生的深层引力吸入不断流入的发光气体，致使它们表现为可见的类星体，这是早期宇宙中一些最为明亮的灯塔。类星体从宇宙刚满目前年龄的1%时就已可见。通过对于邻近星系的一次几近完成的普查，我们发现这些常常沉默无声的怪物潜藏在星系中央，仅仅通过它们对灾星系最内部区域沿轨道运行的那些恒星

[1] 约翰·阿奇博尔德·惠勒（1911—2008），美国理论物理学家，在核物理、量子理论、天体物理等方面均有重要贡献。——译注
[2] 巴图夏克在《黑洞：一个被牛顿学派抛弃、爱因斯坦憎恨、霍金冒险一试的理念是如何为人们所爱的》（ *Blavk Hole:How an Idea Abandoned by Newtonians.Hated by Einstein.and Gambled On by Hawking Became Loved.* New Haven:Yale University Press, 2015）一书第7章中详细探究了这个问题。——原注

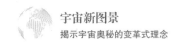

的引力牵引才揭示出其存在。这些休眠的（不活动的）黑洞所产生的巨大引力甚至常常会将任何不由自主地移动到其影响范围内的恒星扯碎。所幸，我们的太阳系距离银河系中心太遥远，因此我们无法感知中心黑洞的存在，也不会受其影响。

天文学者们如今认为，黑洞尽管有着各种奇异的行为，但仍是由用于描述恒星演化的标准物理学所得出的一个必然结果。恒星演化理论预言，诞生时质量是太阳质量的 15 ~ 20 倍的那些恒星在耗尽它们的氢燃料供给后，就会结束它们的生命而成为黑洞。黑洞也许有着一些奇异的属性，但它们是宇宙的重要组成部分，在星系的集结和演化中起着重大作用。

黑洞这个术语曾经还只是用来比喻灭亡，它们的概念曾经更多地依赖于想象而不是探测，那么就让我们从此时来开始讲述黑洞的故事。我们先来到 18 世纪初的英格兰剑桥大学。当时剑桥大学和牛津大学都与英国圣公会紧密联系在一起，它们代表性的学生要么来自拥有地产的乡绅阶级，要么来自神职人员。这种关系可归因于所有毕业生都必须签署《三十九条信纲》（圣公会信仰的声明）这一要求。于是，大多数毕业生最终都加入教会也就不足为奇了[1]。有这样一位才华横溢的毕业生，他想象存在着一些恒星，光线可能无法从这些恒星逃逸，而我们的故事正是从他开始的。

1783 年，当英国乡村牧师约翰·米契尔首度提出"暗星"的想法时，

---

[1]　迈克尔·桑德森所著的《英格兰1780—1870年的教育、经济变革和社会》（*Education, Economic Change and Society in England 1780-1870*, Cambridge: Cambridge University Press, 1995），第40页。《三十九条信纲》于1571年最终确定，并纳入《公祷书》（*Book of Common Prayer*），并由此书得到了传播，它构成了宗教改革之后的英国圣公会教义。——原注

他绝不可能想象到我们有一天竟会探测到它们。出生于 1724 年的米契尔是一位博学广识的人，他曾在剑桥大学学习，后来又在那里教授希伯来语、希腊语、数学和地质学。尽管没有他的任何肖像存世，但是一位与他同时代的人是这样描述他的："身材矮小，肤色黝黑，而且还很胖。"作为一名教士，他从剑桥移居到利兹市附近的桑希尔的一个教区。尽管他有着宗教信仰并负有宗教职责，但他实际上处于科学最前沿，并且因独创性而声名远播，以至于当时许多活跃的科学家（如本杰明·富兰克林[1]和亨利·卡文迪许[2]等人）都拜访过他，并与他保持着定期的通信。他们可讨论的事情很多。米契尔的科学贡献包括：描述磁场强度，并建立起一种理论来解释地震如何在地球表面通过断层传播。这项地震学研究导致他于 1760 年入选英国皇家学会。虽然他作为一位自然哲学家取得了这些成就，但他的名气仍然不如他同时代的人，这是因为他没有充分宣传自己的想法[3]。

　　正如牛顿曾假定过的那样，他也把光看成粒子或者"微粒"。米契尔提出，大质量恒星在引力作用下吸引光粒子并使其减速，这非常像它们吸引其他途径的天体，比如说彗星。由于恒星的质量越大，它的引力就越强，因此他提出，一些极端大质量恒星也许会使

[1]　本杰明·富兰克林（1706—1790），美国政治家、科学家、外交家、发明家、出版商、印刷商、作家，也是美国独立战争时期的重要领导人之一。——译注
[2]　亨利·卡文迪许（1731—1810），英国物理学家、化学家。他的实验研究持续50年之久，在物理学和化学领域都有许多重大发现，但鲜少发表其研究结果。——译注
[3]　《个案研究：约翰·米契尔和黑洞》（*Case Study: John Michell and Black Holes*），摘自《宇宙视野：前沿天文学》（*Cosmic Horizons: Astronomy at the Cutting Edge*, ed. Steven Soter and Neil deGrasse Tyson, New York: New Press, 2000），在美国自然历史博物馆网站上可以阅读。——原注

光完全停下来。在 1783 年 11 月 27 日写给亨利·卡文迪许的一封信中，米契尔预料这样的"暗星"只能通过它们对于围绕其转动的天体所造成的影响才能被观察到。他随后在《伦敦皇家学会哲学学报》（*Philosophical Transactions of the Royal Society of London*）的一篇论文中发表了自己的想法，这是黑洞研究方面的一个牛顿学派式先驱。米契尔并不是唯一持有这种观点的人。13 年后，法国数学家皮埃尔-西蒙·拉普拉斯[1]在《宇宙系统论》（*Exposition du système du monde*, 1796）中提出了一种相似的概念，其结论是："由于这个缘故，宇宙中最大的那些发光物体可能是不可见的。"然而当牛顿的光的微粒说不再受到青睐以后，暗星的理念也就遭遇了同样的命运。事实上，拉普拉斯那本书后来的几版中都完全删去了关于暗星的讨论[2]。

复兴这样一种天体的想法需要 150 年的时间，还需要爱因斯坦的广义相对论。广义相对论是从一个更简单的想法发展起来的。

---

[1] 皮埃尔-西蒙·拉普拉斯（1749—1827），法国天文学家、数学家，对天体力学和统计学有重要贡献。——译注

[2] 约翰·米契尔，"论由于恒星发出的光的速度减小而发现其距离、光度等的手段，我们应该会发现这样的速度减小对任何一颗恒星都会发生，并且应该从观测中获得此类的其他数据，因为这对此目的而言会有进一步的需要。约翰·米契尔牧师写给亨利·卡文迪许先生的信"（On the Means of Discovering the Distance, Magnitude, andc. of the Fixed Stars, in Consequence of the Diminution of the Velocity of Their Light, in Case Such a Diminution Should be Found to Take Place in any of Them, and Such Other Data Should be Procured from Observations, as Would be Farther Necessary for That Purpose. By the Rev. John Michell, B. D. F. R. S. In a Letter to Henry Cavendish, Esq. F. R. S. and A. S.），刊于《伦敦皇家学会哲学学报》，1784年第74卷，第35～57页。查尔斯·古尔斯顿·吉利斯皮与罗伯特·福克斯、艾弗·格拉顿-吉尼斯共同撰写的《皮埃尔-西蒙·拉普拉斯（1749—1827）：精确科学中的一生》（*Pierre-Simon Laplace, 1749–1827: A Life in Exact Science*, Princeton: Princeton University Press, 2002），第175页。——原注

1905 年，爱因斯坦提出和认定了狭义相对论。他的结论是：任何东西的速率都低于光速。这一普适的速度上限有着深刻的内涵。举例来说，它设定了任何物质或信息能够前进的最大速率。它还在物质和能量之间建立起等价性，总结成那个著名的公式就是 $E=mc^2$。不过，爱因斯坦于 1915 年提出的广义相对论（它深刻转变了我们对于质量、引力和空间的理解）才使黑洞重新得到接纳[1]。广义相对论的数学精确性使人们能够以一种全新的方式来把现实形象化地表示出来。正如我们在前一章中已经看到的，在它的引导下创造出了一种新的宇宙模型，这是自牛顿以来的第一次重大修正。不过令爱因斯坦大为沮丧的是，他的广义相对论也容许黑洞存在。

冒着将爱因斯坦描绘成一位不屈不挠的倔老头的危险，我们必须提一下，正如他抗拒膨胀宇宙的概念那样，他也痛恨黑洞的理念。物理学家们对于爱因斯坦百分之百的钦佩之情，部分出于他创造性地建立起了整个广义相对论，不是为任何观测现象提供一种解释，而是作为一种自给自足的、从根本上来说是全新的引力理论。这是物理学中理论能够达到的最纯粹的境界。广义相对论是对于思辨思维的力量以及深层次数学理解的可能性的致敬。这一理论提供了对引力（即保持太阳系和整个宇宙的神秘吸引力）本质的深刻洞见。在爱因斯坦的整个科学生涯中，有一种寻找自然界中的简单性和统

[1]　A. 爱因斯坦，《物体的惯性是否取决于它所含的能量？》（*Ist die Trägheit eines Körpers von seinem Energieinhalt abhängig*），刊于《物理学年鉴》（*Annalen der Physik*），系列4，第18卷，第639～641页；爱因斯坦，《用广义相对论解释水星近日点运动》（*Erklärung der Perihelbewegung des Merkur aus der allgemeinen Relativitätstheorie*），刊于《普鲁士皇家科学院院刊》（*Sitzungsberichte der Königlich Preussischen Akademie der Wissenschaften 2*），1915年11月18日，第831～839页。——原注

一性的动力一直在激励着他。事实证明，正是这同一种哲学倾向偶尔也会成为一种障碍，当复杂性出现时会阻碍他去接受它们，甚至在他自己的理论和工作中也是如此。黑洞的情况就是这样。

爱因斯坦的理论在数学上是优美的，并且不依任何科学观测而定，不过它也确实做出了数个可测试的预言。由于广义相对论最初遥遥领先于任何观测事实或应用，因此在它的正确性得到验证之后，这种理论就变成了一个多少有点了无生机的课题，脱离了科学研究的主流。爱因斯坦的理论虽然对于天文学具有重大意义，但是在 20 世纪初，它与既有物质对象之间似乎最多也只能说是存在着微弱的联系。尽管广义相对论在其诞生后的 10 年内被成功地用于描述宇宙的各项整体性质，但是在相当长的一段时间里，用广义相对论来解释致密天体的需要并没有浮现出来。由于这种理论的各种观测效应都很小，除非是研究对象具有极大引力的情况。因此，直到天文学家们发现像中子星、脉冲星和类星体之类的奇异天体以后，它的全部解释力才被揭示出来。20 世纪 60 年代，当天文学家们在宇宙中探测到这些重量级天体时，爱因斯坦的理论早已稳固就位，准备好去解释它们的各种性质了。

如今，黑洞存在的一些最令人信服的证据来自旋涡星系 NGC 4258。在 NGC 4258 内部，有一个质量大约比太阳大 4000 万倍的黑洞。为了给出一个尺度的感觉，天文学家们利用无线电波去勘测这个星系的最内部区域时，揭示出一个盘，它似乎很可能是正在以涡旋形下落进入黑洞的气体的一个储气库。这个盘如此之宽，以至于光要花费一年时间才能横越过它（如果期间没有被俘获的话）。类似质量的黑洞暗藏在许多近邻星系的中心，它们在那里影响着其周围恒星的运动。在那些最为明亮的星系中心，据推断存在着质量大约为太阳 10 亿倍的超大质量黑洞[1]。

为了充分理解黑洞为什么以及怎么具有它们的这些性质，我们需要按照爱因斯坦的阐释去理解引力。引力是一种普遍存在的力，尽管就各种力而言它并不算很强，但是没有任何东西能够逃脱它的掌控，无论恒星、行星或星系都是如此。牛顿首先理解引力的吸引力本质，而且也知道了它不仅是将我们控制在地球上的原因，也是将行星维持在其轨道上的原因。一个物体质量越大、越致密，它的引力就越强。由于黑洞质量很大，并且极其致密，因此它们产生宇宙中最强的引力。正如你可能会记得在高中物理课中学到的知识，我们将脱离一个物体的引力所需要的速率称为它的逃逸速度。假如一枚火箭要逃离地球的引力，那么它的速度就需要达到令人印象极其深刻的 4 万千米 / 小时。这是从美国佛罗里达州的卡纳维拉尔角、哈萨克斯坦的拜科努尔航天发射场和印度的斯里赫里戈达岛[2]航天发射基地发射人造卫星时，火箭助推器所提供的速度。相比之下，太阳的质量大约是地球质量的 33 万倍，其逃逸速度约大 100 倍，为 400 万千米 / 小时左右——约为光速的 1/250。当一个物体的逃逸速率等于或超过光速时会发生什么呢？当米契尔试图理解光从恒星向

[1]　米切尔·伯格尔曼和马丁·里斯所著的《引力的致命吸引：宇宙中的黑洞》（*Gravity's Fatal Attraction: Black Holes in the Universe*, 2nd ed., Cambridge: Cambridge University Press, 2005）以丰富的插画和图示全面地介绍了黑洞，包括它们的起源、独特性质以及在宇宙中的角色。质量超过太阳100万倍的黑洞称为超大质量黑洞。——原注
[2]　卡纳维拉尔角附近有肯尼迪航天中心和卡纳维拉尔角空军基地，美国的航天飞机都是从这两个地方发射的。拜科努尔航天发射场是苏联建造的航天器发射场和导弹试验基地，现由俄罗斯政府向哈萨克斯坦租借。斯里赫里戈达岛是印度航天发射基地所在处。——译注

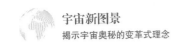

外传播的过程时，这个问题令他迷惑不解。其答案是：黑洞。甚至反射光也不会泄露黑洞的存在。它们也不仅仅是由于极端光线弯曲而被隐匿的恒星，它们的强大引力改变了空间的形状，并奇异地中断了它们邻近区域的时间流动。这就是为什么要理解黑洞，我们就需要像爱因斯坦那样去思考。

爱因斯坦于 1905 年发表在《物理学年鉴》上的那篇论文产生了重大的影响，其中包含一条非凡的洞见[1]。在这里，爱因斯坦提供了一种深刻的新理论，从而完全重构了我们对于质量、引力和空间之间的联系的理解。牛顿将引力视为一种吸引力，它在任何有质量的物体之间瞬间传输，但狭义相对论的普适速率限制使瞬间传输不可能发生。与此相反，根据广义相对论，具有质量的物体会产生引力场，而这个引力场又转而与空间的形状相关。在这一图像中，最好不要将引力理解为一种拉力，而是空间本身的一种扭曲，由此改变其他物体在该质量周围产生响应而发生的约束运动的方式。这一理念的中心思想是有关时空的概念。整个宇宙及其中的所有内含物——星系、恒星和行星——都栖息于时空之中。我们可以将时空想象成一个薄层，质量在这个薄层上制造出凹坑，从而影响运动以及时间流动。另一种想象时空的方法是将它设想为一幅景观画，就像一幅地形图，质量所在的地方就形成了山谷。

从牛顿的引力到爱因斯坦的广义相对论，其中的飞跃是科学中罕见的归纳推理实例之一。尽管爱因斯坦并没有受到观测的启发，但是他的纯理论做出了一些具体的、可验证的预言，这些预言有助于对它做出评估，并确立其有效性。这一点也许看起来不熟悉，因

---

[1]　爱因斯坦，《物体的惯性是否取决于它所含的能量？》。——原注

为相比之下，通常观测与理论之间的联系是：将理论用公式表述出来，而通过演绎推理去解释观测事实。

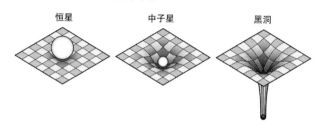

恒星　　　　　中子星　　　　　黑洞

按照爱因斯坦广义相对论的预言，质量和致密性越来越大的物体在时空中造成的扭曲越大。

　　广义相对论预言了引力透镜：由于质量造成空间扭曲，光线沿着这种扭曲传播，因此就发生了弯曲。当地球和太阳在日食期间排成一线时，由于它们的质量所导致的凹坑就会更深，从而使光线的弯曲变得可以观测到。天文学家埃尔文·芬利-弗伦德里希（1885—1964）提出了验证广义相对论的第一个实验，方法是观测星光在日全食期间的弯曲。在提出进行这项天文观测的建议时，他通知爱因斯坦说，下一次可观测日全食会发生在1914年夏，从克里米亚可以看到。爱因斯坦甚至还协助为这次远征筹措资金。探险队在那年初夏出发，但第一次世界大战的爆发终止了这次探索。令持有和平主义的爱因斯坦大为震惊的是，敖德萨市的俄国军队逮捕并监禁了随行人员。因此，验证一直被推迟到1919年。在那一年的一次日食期间，英国派出了两支远征队，亚瑟·爱丁顿带领了其中的一支，前去测量近距离经过太阳附近的那些光线路径的偏移量。爱丁顿拍摄并测量了日食期间太阳附近的数颗恒星的位置。来自这些遥远恒星的光线穿过被太阳的引力所扭曲的时空，这些恒星所显示的位置相对于日食前 6 个月测得的位置发生了偏移。太阳的存在确实使光线发生了偏折，而其偏折量恰好等于爱因斯坦理论的预言。1919 年 11 月 6 日，爱丁顿向英国皇家学会和皇家天文学会宣布光线弯曲的发现，从而使爱因斯坦一举成名。然而，这一理论的确证不仅仅使爱因斯坦成为偶像，它还开启了对其潜在应用的进一步研究[1]。

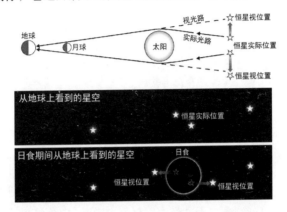

用示意图表示引力能够如何弯曲光线，这就是爱丁顿在他1919年的远征期间要做的。结果观察到恒星的真实位置和视位置恰好与爱因斯坦的广义相对论的预言相符。

值得重申的是，广义相对论的提出远早于任何预期的应用，尽管如今它对于理论和应用都是必要的，而且事实上是必不可少的。这些应用包括手机上的全球定位系统（GPS）和帮助我们在火星表

［1］ 迈克尔·怀特和约翰·格里宾，《爱因斯坦：科学中的一生》（*Einstein: A Life in Science*, London: Simon and Schuster, 1993），第115～116页；弗兰克·沃森·戴森、亚瑟·斯坦利·爱丁顿和查尔斯·戴维森，《由1919年5月29日的日食观测到的太阳引力场造成的光的偏折确定》（*A Determination of the Deflection of Light by the Sun's Gravitational Field, from Observation Made at the Total Eclipse of 29 May 1919*），《皇家学会哲学学报》，220A（1920），第291～333页。——原注

面降落一架探测车的计算。

　　虽然牛顿的引力定律为物体如何下落到地面提供了一种精确的描述，但是我们现在知道他的描述并不完全或全面。例如，牛顿的定律无法描述粒子在最小的原子尺度上或者在宇宙中最大的尺度上的运动。为了理解这些，我们需要遵从爱因斯坦对引力的阐述。他不可能预期到，我们如今要依赖他的广义相对论来找到自己的方位。GPS 技术完全建立在爱因斯坦式引力的基础之上。现在在地球上确定精确位置及导航之所以成为可能，是由于 24 颗卫星构成的队列在围绕着我们这颗行星沿轨道运行，其中每颗卫星上都载有一个目前可达到的最高精度的时钟——原子钟。在地球上，你车里的导航仪中有一个 GPS 接收器，它从最靠近的那颗卫星接收无线电信号，并与来自另外 4 颗卫星的信号进行三边测量定位。用这种方法计算你当前位置的精度能达到 1 米或更小。这项任务绝非易事，因为它要求同时考虑到爱因斯坦的两种理论——狭义相对论和广义相对论所预言的修正。根据狭义相对论，运动的时钟比静止的时钟走得慢，因此，卫星上的时钟就比地面上的时钟走得慢。另一方面，爱因斯坦的广义相对论又预言，在地球上方深陷于其引力场中的时钟做圆周运动时应该会走得更快。这是由于这样一个事实:引力使空间弯曲，并且改变时间的流动。这两种相互抵触的效应结合起来，导致沿轨道运行的时钟会稍微走得快一点——大约每天 40 微秒。尽管这一修正看起来也许非常微小，但是它对于定位精度有着重大影响。如果没有进行这一修正，你也许想去曼哈顿，结果却到了新泽西[1]！爱

[1]　曼哈顿是美国纽约州纽约市的5个行政区之一，与新泽西州分别位于哈得逊河两岸，两地直线距离约为90千米。——译注

因斯坦的这些理论并未使牛顿的引力概念失效，两者都有各自的有效域。每种理论都在特定的辖区中有自己的一席之地，并且对此提供充分而精确的描述。正如爱因斯坦曾经说过的："一种物理理论最美好的命运就是为建立一种更加包容的理论指明道路，而前者在这种理论中只是以一种极限情况存在。"牛顿指明了引力的普适性，爱因斯坦的理论从时空弯曲的角度解释了为什么是这样[1]。例如，在太阳系内部，广义相对论所预言的和牛顿理论所预言的偏离量是很小的，大约为百万分之一。

正如在太阳系的分布图中所发现的，那些不规则的行星运动再次发挥了作用。爱因斯坦认为，他的理论所产生的另一种可测试、可观测的推断会是水星轨道的进动。太阳系中各行星的运动是沿着崎岖不平的时空结构颠簸前进的。由于水星最靠近太阳，因此由太阳引力产生的时空凹坑对它的影响要比那些距离较远的行星更为剧烈。这导致其轨道产生了微小但可以测量的反常现象，而结果发现这些现象与爱因斯坦的预言是一致的。最近，航天探测器所进行的精确实验以极高的精度证实了广义相对论的这一关键预言——水星轨道的微调。

然而，爱因斯坦并不相信描述引力的广义相对论场方程组会容

[1] A. 爱因斯坦，《相对论：狭义和广义理论》（*Relativity: The Special and General Theory*, New York: Pi, 2005），英文版译者为罗伯特·W. 劳森，由罗杰·彭罗斯撰写引言；马里奥·利维奥，《绝妙的大错：从达尔文到爱因斯坦——伟大科学家所犯的大错改变了我们对生命和宇宙的理解》（*Brilliant Blunders: From Darwin to Einstein—Colossal Mistakes by Great Scientists That Changed Our Understanding of Life and the Universe*, New York: Simon and Schuster, 2013），第269页。在我的评论文章《科学家们究竟在做什么》（*What Scientists Really Do*）中，我更为一般地讨论了科学的暂时性本质，例如新的理论如何替代旧的理论，此文发表在《纽约书评》（*New York Review of Books*），2014年10月23日。——原注

许任何简单的解。但是在1915年，德国物理学家卡尔·史瓦西（1873 —
1916）为一种特例找到了一个精确解，这种特例是一个体积很小但
质量很大的物体周围的时空。这个解描述了空间形状的扭曲或改变，
即一个质点周围的凹坑，而这个质点就是黑洞。从此以后，物理学
家们已为爱因斯坦的场方程组找到数个其他精确解。正如我们在前
一章中看到的，亚历山大·弗里德曼和乔治·勒梅特推导出了另一
个解，这个解明示了时空（意即整个宇宙）在膨胀。一直到了1963
年，相对论学者罗伊·克尔（1934 —）找到了一个描述旋转黑洞的
解[1]。史瓦西的黑洞解尽管从数学上是精确的（并不是一个近似解），
但对于物理学家们而言却相当古怪且不直观。这个解的怪异之处在
于，黑洞包裹着一个奇点，在这个奇点处，我们所知道的物理定律
都失效了，不再成立。史瓦西解的另一个奇异特征是，在黑洞的可
见与不可见之间存在着一条边界，即如今所谓的"事件视界"或"史
瓦西半径"。这条边界标定了一个有去无回的点。任何穿过黑洞事件
视界的物体或光信号都将永远消失，再也无法收回了。此外，这条
边界精确地出现在正比于3倍黑洞质量的半径处。因此，黑洞越大，
这个半径也就越大。物理学家们将史瓦西解（包括其一个事件视界
和一个隐藏的奇点这些特征在内）看成一种数学上的奇特性——极

---

[1]　卡尔·史瓦西，*Über das Gravitationsfeld eines Massenpunktes nach der Einstein's chen Theorie*，《普鲁士皇家科学院院刊》（*Sitzungsberichte der Königlich-Preussischen Akademie der Wissenschaften*），1916年，第7卷，第189~196页。由萨尔瓦多·安托奇和安吉洛·隆格英译为 *"On the Gravitational Field of a Mass Point According to Einstein's Theory"*（《根据爱因斯坦理论论质点的引力场》），1999年5月12日投递；罗伊·P. 克尔，《旋转质量的引力场作为代数上特殊度规的一例》（*Gravitational Field of a Spinning Mass as an Example of Algebraically Special Metrics*），刊于《物理学评论快报》（*Physical Review Letters*），1963年，第5期，第237页。——原注

其肯定它不会代表任何可能存在的真实物体。

黑洞令物理学家们感到难以接受的关键原因之一在于奇点的本质十分成问题。奇点具有挑战性是由于它们的存在对这些理论的极限给出了测试，并且它还指示出一个我们的直觉也不再有用的领域。物理学家们仍然不得不容忍奇点这个令人不安的概念，这是因为他们明白，考虑到黑洞周围时空凹坑的急剧变化度，这是不可避免的。这是一个无法规避的限制，但物理学家们也希望通过构想出一种统一理论，将最小尺度的物理学（即量子力学）与引力综合起来，从而来克服这一限制。数辈物理学家（包括爱因斯坦和爱丁顿在内）都曾梦想过这样一种终极理论，即所谓的万有理论，然而这种理论仍然还是难以捉摸的。不过，搞清楚奇点存在于内部而不在视界上这是一个重大突破，因为这为黑洞实际上是如何形成的（例如在恒星坍缩的最后阶段）提供了线索。

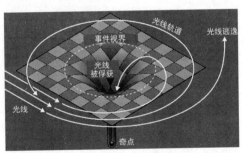

一个黑洞及其事件视界的示意图，其中明示了靠近的光线的命运。这些光线的弯曲和被俘获取决于它们的入侵处相对于事件视界的位置。

从一颗垂死的恒星通往黑洞的道路还需要进一步的解释。想象有一颗典型的所谓主序星，比如我们的太阳，其内部极端炽热，温度达 1500 万摄氏度，比它的发光表面要热得多。它是如此炽热，以至于比原子更小的那些粒子——电子和原子核——都在四处弹跳并不断彼此撞击，这些碰撞在恒星内部产生压强。来自恒星内部的压强与引力效应相互平衡，从而阻止了恒星的自然坍缩。

在恒星中，这样的平衡不可能无限期地延续下去。存在于太阳中心处的能量来源（即将氢转化为氦的核聚变反应堆）保持着开始时各力之间的平衡。不过，一旦核聚变消耗了核心处的所有氢，引力就会赢得这场比赛，从而将核进一步拉向内部。在这一刻，那些更重的化学元素也许会开始聚变，不过最终这颗恒星会耗尽它的所有核燃料并开始冷却。正如所预料的，约50亿年后将会发生的事情是：当引力赢得这场平衡较量时，我们的太阳就会冷却下来，然后变成一颗白矮星。不过，比太阳质量更大的那些恒星的命运会更加奇异，它们继续坍缩，并且收缩程度要大得多，从而要么变成一颗中子星，要么变成一个黑洞。

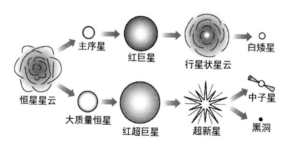

恒星演化各阶段示意图。根据恒星初始质量的不同，恒星演化理论预言其终点会是一颗白矮星、一颗中子星或一个黑洞。

重新引起人们对黑洞兴趣的推动力来自理论天体物理学家苏布拉马尼安·钱德拉塞卡[1]（也称为钱德拉）的研究工作。1930年，他

---

[1] 苏布拉马尼安·钱德拉塞卡（1910—1995），印裔美籍物理学家和天体物理学家，1983年诺贝尔物理奖得主。他计算出白矮星的质量上限是太阳质量的1.44倍，这一极限因而被称为钱德拉塞卡极限。——译注

在从印度马德拉斯去往英国剑桥大学三一学院学习的途中得出了他关于黑洞的那些想法。他计算出在某些特殊情况下，在恒星演化末期，当为核聚变提供能量的所有燃料都耗尽后，恒星的最终结局可能是形成一个极端致密的天体。钱德拉的计算明确显示了某些恒星会抵达这一令人不安的终点，变成一个无限小而又无限致密的实体——奇点，也就是我们现在所谓的黑洞。钱德拉将两种基本理论——广义相对论和量子力学——紧密结合在一起，从而推导出恒星会发生内爆并转化成黑洞的极限质量。不过，他的整个恒星死亡模型都存在过强烈的反对意见，而不仅仅是反对黑洞可能会形成这一结论。后来的工作扩展了钱德拉的模型，发现初始质量比太阳质量大 1.4 ~ 3 倍的那些恒星最终会成为中子星，而质量比太阳大 10 ~ 25 倍的那些恒星最终就会变成黑洞。

星系 NGC 4258 的多波段复合视图，这个星系中寄宿着一个质量为太阳 40 亿倍的黑洞。由钱德拉 X 射线望远镜（CXC）的 X 射线数据、哈勃空间望远镜的一幅光学图像、斯皮策空间望远镜的一幅红外图像和卡尔·G. 詹斯基甚大天线阵的一幅射电图像综合而成。（见彩图 1）

［图像由以下单位提供：NASA/CXC/Caltech/P. Ogle et al.（X射线）、
NASA/STScI和R. Gendler（光学）、NASA/JPL-Caltech（红外）、NSF/
NRAO/VLA（射电）。］

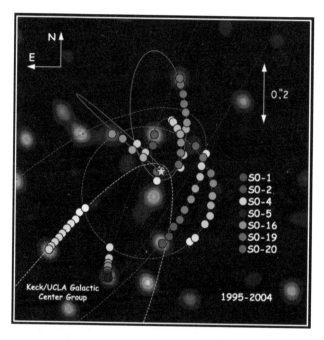

银河系中心的恒星轨道。由安德里亚·盖兹教授和她在加州大学洛杉矶
分校（UCLA）的研究团队用K. M.凯克望远镜获得的数据集构作而成。

（见彩图2）

（图片由加州大学洛杉矶分校银河系中心研究小组、K. M.凯克天文台激
光团队提供。）

蟹状星云：上图为哈勃空间望远镜拍摄的图像，下图为钱德拉望远镜拍摄的X射线图像。

（见彩图3）

［图像由以下单位提供：NASA、ESA以及亚利桑那州立大学的J.海斯特和 A.洛尔（哈勃图像）；NASA/CXC/SAO（钱德拉图像）。］

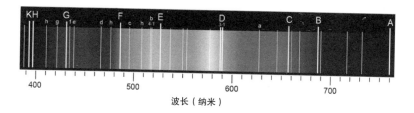

太阳光谱中的夫琅禾费谱线。这些吸收线表明太阳中存在着各种化学元

素，也表示它们具有独一无二的光谱特征。

（见彩图4）

哈勃空间望远镜拍摄的两个引力透镜的图像。

哈勃空间望远镜拍摄的两个引力透镜的图像（续）。

由前至后：大质量透镜星系团Abell 2218，图中充满了大量由于引力透镜效应而产生的弧形图像；近期的哈勃前沿视场计划于2014年拍摄的透镜星系团MACS0416的深空图像；重现的MACS0416暗物质分布图，用叠加在哈勃图像上的蓝色部分表示。

（见彩图5）

（Abell 2218图像NASA、ESA、加州理工学院的理查德·艾利斯以及法国马赛天文物理实验室的让-保罗·克乃伯提供；MACS0416前沿视场图像由ESA/哈勃空间望远镜、NASA、HST前沿视场计划、J.洛茨、M.芒廷、A.库克穆尔、HFF团队等提供；MACS0416暗物质分布图由英国杜伦大学的马蒂尔德和瑞士洛桑联邦理工学院的珍-保罗·克内勃提供。）

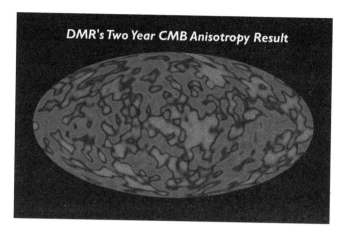

COBE卫星探测到的宇宙微波背景辐射分布图——在微波波段测量到的天
空温度起伏，图中布满了热斑（粉色像素）和冷斑（蓝色像素）。

（图片由NASA/GSFC提供。）

（见彩图6）

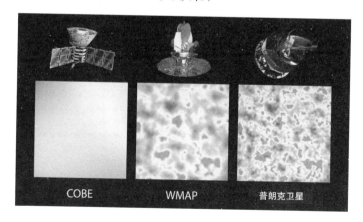

COBE、WMAP和普朗克卫星探测到的宇宙微波背景辐射起伏的分辨率
比较。

（图片由NASA/GSFC提供。）

（见彩图7）

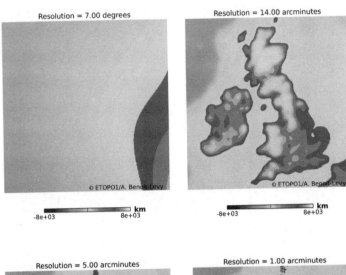

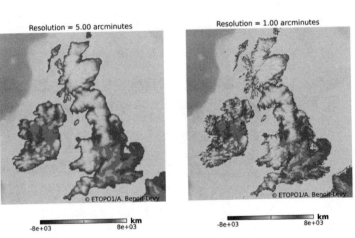

英国海岸线的直观表示，以此来演示COBE、WMAP和普朗克卫星所创
建的微波背景起伏分布图的分辨率差异。

（图片由伦敦大学学院的奥雷利安·伯努瓦−莱维提供，其中采用的数据
来自美国国家海洋和大气局以及国家地球物理数据中心。）

具有讽刺意味的是，在知识层面上对于钱德拉的这些想法最致命的反对意见来自他的同僚爱丁顿，而爱丁顿是爱因斯坦广义相对论的早期证实者和支持者。我们可以想象，如果某人对于接受广义相对论这种变革性理念具有如此开放的态度，并且在证明它的过程中发挥了这么大的作用，那么他本该对钱德拉的这些结论产生更大的热情。然而，钱德拉的计算对爱丁顿感兴趣的研究造成了巨大的抵触。爱丁顿当时已经建立起了他自己的理论，同样也是将爱因斯坦的广义相对论与量子力学结合起来，用以计算恒星在其自身引力作用下坍缩时会发生什么。他将这种大胆的新理论视为自己毕生工作的巅峰，他的这份遗产会将宇宙中的最大尺度和最小尺度（亚原子世界）结合在一起。他的概念中并没有包括黑洞。爱丁顿确实认为一颗小的、致密的恒星会对其周围的空间造成非常大的扭曲，以至于它会阻止光线逃逸出去，但他又猜测这个奇异的物体和深凹坑会简单地消失，而且用他的话来说是"无处存身"。奇点的概念如此令人生厌，甚至连爱因斯坦都错误地认为黑洞不会形成，他认为必定有某种机制会使一颗正在坍缩的恒星在到达没有回头路的那一点之前稳定下来。他和爱丁顿都坚信，自然界就是不会允许恒星遭遇这样一种有悖常理的命运[1]。他们将黑洞的概念视为一种瑕疵，需要将它从理论中切除，而不是作为一个无法避免的且可以测试的成果。

---

[1]　卡迈什瓦尔·C. 瓦利所著的《钱德拉：钱德拉塞卡传》（*Chandra: A Biography of S. Chandrasekhar*, Chicago: University of Chicago Press, 1992）第123～146页描述了钱德拉与爱丁顿之间的冲突。亚瑟·I. 米勒所著的《恒星帝国：在探索黑洞过程中的痴迷、友谊和背叛》（*Empire of the Stars: Obsession, Friendship, and Betrayal in the Quest for Black Holes*, Boston: Houghton Mifflin, 2005）则全部与围绕黑洞发生的争议有关。——原注

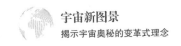
在一次著名的对决中，爱丁顿在英国皇家天文学会 1935 年的一次会议上出人意表地向钱德拉发起猛攻。他早已得知钱德拉的计算，因为他们俩都是剑桥大学三一学院的成员，并且时常讨论科学。不过，他在那些讨论中并没有发动过他的反对攻势。相反，爱丁顿作为剑桥大学天文台台长，在知识分子中是很有权势的，于是他选择在一次公开会议上表达他的反对意见，那是每月一次英国所有显赫的天文学家齐聚一堂的会议。在那决定性的一天，即 1935 年 1 月 11 日，钱德拉递交了他的论文，其中的一张图明示了超过某一质量的恒星的命运，它们会遗留下独特的、奇异的尸体——黑洞。在介绍完这种革命性的新理念后，他希望在他之后发言的爱丁顿会支持和赞同他的断言。毕竟，在这次会议之前他们讨论过钱德拉的理论。此外，爱丁顿还曾是他获取博士学位口试时的考官之一，而且以前也一直充满热情。令钱德拉震惊的是，爱丁顿以他惯常的雄辩和权威猛烈抨击这种理念，宣称它至多不过是油滑的数学而已，与现实毫无瓜葛。他的这些异议并没有根据，但是由于这次会议很正式，因此钱德拉没有机会对这种批评做出反应。尽管当时许多其他物理学家［包括钱德拉的论文导师拉尔夫·H. 福勒（1889—1944）、莱昂·罗森菲尔德（1904—1974）、沃尔夫冈·泡利（1900—1958）、保罗·狄拉克（1902—1984）和比尔·麦克雷］都在听众之中，并在知识层面上支持钱德拉，但是他们却不敢在这样一个公共论坛上反对爱丁顿。对于钱德拉而言，这是他强烈地感觉遭到背叛的一刻。他感到羞辱，觉得他的论文导师福勒及更大面上的英国物理学界都不支持他。不过，当时最显赫的 3 位物理学家——狄拉克、鲁道夫·佩尔斯（1907—1995）和莫里斯·普莱斯（1913—2003）在 1942 年合写了一篇重要的论文支持他的观点[1]。

亚瑟·I. 米勒在他的《恒星帝国》一书中，为这个戏剧性的故事提供了尖锐、深刻而详细的叙述。这段插曲、它的余波以及钱德拉与以爱丁顿为代表的当权派作斗争的故事被米勒描述为一个案例研究，展示了科学如何运作，以及各种想法之间的冲突如何落幕。卡迈什瓦尔·C. 瓦利为钱德拉所撰写的详细传记时间跨度涵盖了他的童年及整个科学生涯，其中也讨论了这段插曲及其对钱德拉造成的持久影响。与此同时，这对于我们而言也是很重要的一个事例，说明有时会有复杂的个人利害关系介入科学，取代知识上的利害关系。爱丁顿的反对意见源自于他个人对于奇点的厌恶，源自于钱德拉的工作对他自己视为传世遗产的模型所造成的威胁，这两者在任何知识层面上都站不住脚。尽管这场论战对钱德拉造成了一些深远的影响，但他和爱丁顿仍然维持着友好的私交，纵使其中带着尴尬的气氛。米勒直言不讳地将爱丁顿的行为描述为纯粹是心胸狭窄而导致的表里不一。他还从钱德拉的信件中发现，钱德拉本人也曾诉诸于一些不光彩的手段来发表他那些反驳爱丁顿理论的论文。他试图安抚爱丁顿的主要竞争对手之一、物理学家詹姆士·金斯[2]，以获得支持并使他的论文在审稿时受到优待[3]。爱丁顿一直执着于他的理论，也从未交出过他的职位。这两个人都因他们对自己想法的情绪

---

[1] 亚瑟·I. 米勒，《恒星帝国》（*Empire of the Stars*），第3～15、96～119及135页。——原注

[2] 詹姆士·金斯（1877—1946），英国物理学家、天文学家、数学家。他提出的"金斯长度"是宇宙中星际云的临界半径，超过这个长度的星际云就会因"金斯不稳定性"而发生坍缩。此外，他还协助提出了描述辐射源温度和黑体辐射能量密度关系的瑞利-金斯定律。——译注

[3] 亚瑟·I. 米勒，《恒星帝国》，第125～150页。——原注

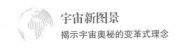

依恋而失去理智。

一如既往，科学中最终决定谁对谁错的总是数据和证据。物理学家马克斯·普朗克[1]在他自己的科学思想受到抗拒时哀叹道："一种新的科学真理并不是通过说服它的反对者、使他们恍然大悟而取胜的，而是由于反对者们都终将死去，熟悉它的新一代成长起来。"这句话在此例中得到了印证[2]。

最后，命运发生了奇异的扭转，从而证明了钱德拉这些理念的重要性和正确性。在第二次世界大战的军备竞赛期间，计算机的计算结果显示，氢弹在核本质上很像一颗爆炸的恒星，此时物理学家们才认识到钱德拉那些计算的相关性。钱德拉大获全胜，在天文学家们发现中子星从而证实了他的理论后，他赢得了1983年的诺贝尔奖。科学家还在1967年发现了脉冲星，它们相当于恒星中的灯塔。这项发现后不到两年就有研究显示，脉冲星就是快速旋转的中子星，它们的质量等于太阳的质量，但是其致密程度之高相当于原子核的密度。研究发现这种密实程度接近临界密度，恰好处于引力会压垮恒星并导致它坍缩成一个黑洞的边缘状态。这一发现又使天文学界恢复了研究作为引力坍缩的结果而形成的那些致密天体的兴趣。中子星是一种天体物理中的现实存在，这一事实意味着它们的表兄弟黑洞也很可能存在。

由于黑洞不发射任何光线，因此我们无法直接观测到它。但是正如连米契尔都曾提出过的，黑洞可以通过它们对周围物质的作用

[1]　马克斯·普朗克（1858—1947），德国物理学家，量子力学的创始人，1918年获得诺贝尔物理学奖。——译注
[2]　马克斯·普朗克，《科学自传及其他论文》（*Scientific Autobiography and Other Papers*, New York: Philosophical Library, 1949），第33～34页，英文版译者为F. 盖纳。——原注

而"揭示"其本身的存在。因此，当一个黑洞在绕着另一颗恒星沿轨道运行时，它的巨大引力就会从它的邻居那里撕扯气体。注入黑洞的气体迅速发热发光，并以 X 射线的形式放出辐射。我们已经观察到了这样一些由一颗恒星及其伴随黑洞构成的系统。这些观察到的 X 射线双星将黑洞推上了被认可的地位。

再延伸下去，当天文学家们发现类星体时，事实变得清晰起来，这些脉冲星的动力来自更加庞大的超大质量黑洞，它们也是在得到其邻近区域的气体供给时发光的。类星体是宇宙中最为明亮的天体。我们已探测到大量此类超大质量黑洞，而我们当前的理解是，每个星系都很可能在其历史上经历过一个这种明亮的类星体阶段：在这段时间内，黑洞在耗尽其能得到的补给之前依靠气体作为其能源。

研究者们在近邻星系和我们的银河系中心识别黑洞的另一种间接方法，是量化它们对于围绕着星系中心沿轨道运行的那些恒星所产生的影响，由此就能够计算出它们的质量。天文学家们如今已描绘出银河系中心黑洞周围的那些恒星轨道，而它们的路径明显揭示出在其中心潜伏着一头巨兽。我们只能获得银河系的这些细节层次，这是因为距离阻碍了我们对星系内部区域的研究，即使对那些邻近星系也是如此。

每一年都有新的迹象。2014 年初，一片气体云近距离掠过位于银河系中心的黑洞。在这次邂逅期间，我们预料黑洞会瓦解并吞噬掉这片云。这样一个事件会制造出一次引人注目的、明显可见的闪耀，照亮正在疯狂进食的黑洞。但我们并没有见证到这样一出戏码上演，这片气体云就这样溜之大吉了。对于科学家们而言，这是一个独一无二的机会，可能目击一次对黑洞强大引力的直接检验。事实证明，黑洞的引力对这片气体云产生的影响小于理论推定。因此，这次邂逅的数据就是我们对这片气体云的性质产生了进一步的疑问。尽管这一直接接触的探究并未取得成功，但天文学家们正在寻求用另一种途径来间接获取关于黑洞的更多信息。这个新的、激动人心的项目当前正在进行中，其目标是要用一台新仪器——事件视界望远镜（Event Horizon Telescope，EHT）描绘出位于银河系中心处的那个黑洞。由于黑洞对时空造成的极度弯曲，因此它们不仅影响其邻近区域的光线传播，而且对时间也施加了一种独特的影响。黑洞周围的时空结构所发生的显著变形导致从其近旁掠过的光线发生奇异的反射，在事件视界的边缘制造出一种独一无二的阴影。EHT利用位于墨西哥、智利和德国的数架射电望远镜，在射电波段上描绘银河系中心黑洞周围的阴影。这些广泛散布在各处的望远镜构成网络，其作用相当于一个总集光面积几乎等于地球表面大小的望远镜。这个巧妙的招数会提供可能达到的最锐利的视野去观察黑洞的阴影。描绘这一阴影的形状，包括任何不对称性或伸长度，将会揭示出黑洞的各种特性，例如它是否在自旋。黑洞的自旋是其除了质量以外的关键决定性特征之一。EHT是最新颖、最近期的间接描绘黑洞的方法，不过我们在间接描绘方面的尝试有着悠久的历史。

到现在为止，我们得到最确凿的黑洞证据应归功于发现和认识了X射线。这一切都起始于1895年，备受尊重的实验物理学家、德意志帝国巴伐利亚州维尔茨堡大学物理系主任威廉·伦琴（1845—1923）发现了X射线辐射。他当时的兴趣是想弄清楚近期发现的带负电的阴极射线（即电子束）是粒子还是波。幸亏有了量子力学，我们现在知道它们具有波粒二象性，但伦琴生活在量子力学出现之前的时代。一个星期五的傍晚，他在实验室中工作到很晚，检查阴极射线射到一块荧光屏上的情况。虽然他已经将房间完全弄暗，并将射线管覆盖起来以阻挡所有光线，但他仍然注意到几英尺以外的屏幕上有一个闪烁的斑点。他检查了挂在窗上的遮光窗帘，但它们都严实地遮盖着，没有任何光线从外面闯进实验室。他将一块铅板置于光束经过的路径上，结果除了铅板的影子外，他还看到了自己手上骨头的清晰影像。当天傍晚，即 1895 年 11 月 8 日，伦琴经过进一步的实验后明白，这种被他称为 X 射线的辐射是阴极射线（即电子）撞击到它们所在的玻璃管壁上时放射出来的。他注意到这些射线极其强大，因为它们可以穿透人类的皮肤，直接对底下的骨头成像。他激动不已，为他妻子安娜·贝莎·伦琴的左手进行了第一次 X 射线记录，其中显示出了骨架结构和她的婚戒阴影。

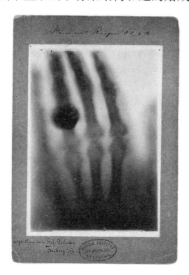

安娜·贝莎·伦琴左手的X射线图像，这是最早制作的X射线图像之一。

（图片由德国雷姆沙伊德市伦琴博物馆提供。）

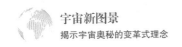
伦琴在继续深入研究后，最终在 1896 年初发表了他的这些发现，引发了全球性的轰动。当时的主要物理学家之一、第一代开尔文男爵威廉·汤姆森（1824 — 1907）最初认为伦琴的论文是一个骗局，直到全世界范围内都重复出了这个实验后他才改变想法。伦琴在 1901 年由于发现 X 射线而获得首届诺贝尔物理学奖。这项关键的发现最终导致揭开了黑洞在宇宙中的面纱。

X 射线是一种极端高能的电磁辐射。电磁波谱由波长从小到非常大的辐射构成，X 射线是波谱中最高能的部分，波长最短（其范围为 0.1 ~ 1 纳米）。相比之下，可见光的波长范围为 390 ~ 700 纳米。而作为对照，无线电波的波长最长（1 毫米至 100 千米）。由于人类的视网膜对 X 射线不敏感，因此我们只能通过使用一些特殊的探测器才能看到它们。

中子星和脉冲星的发现说明恒星演化理论对恒星死亡的预言是正确的，并且黑洞是在某些情况下不可避免的结果。这就最终驱动了对黑洞的观测搜寻。结果证明，自然界早先就提供了一条至关重要的线索：公元 1054 年，中国人观察到并一丝不苟地记录下了一颗恒星发出的炽烈的临终喘息——一次超新星爆发。宫廷天文学家杨维德向皇帝报告，在金牛座中出现了这颗明亮的新客星。我们今天仍然能看到那次爆发留下的余晖，即蟹状星云。它的原始恒星最终变成了一颗脉冲星，被一个发光的、膨胀着的残骸外壳包围着。

质量小于太阳的那些恒星留下的尸体是一颗白矮星。比太阳更重的那些恒星质量太大，因此在烧尽它们的所有核燃料后无法成为白矮星。这样的恒星具有一个会发生内爆的核，其结果是它们的外层遭到驱逐而成为一颗超新星。这些恒星碎屑中包含着构成我们的所有化学元素。例如，我们骨头里所有的钙都曾经是在恒星的核区中合成的，然后在这些恒星死亡发生超新星爆发期间被吐出来。恒星诞生、演化和死亡的理论预言：一颗大质量恒星内爆后留下的要么是一颗中子星，要么是一个黑洞。当剑桥大学研究生乔丝琳·贝尔（1943 —）和她的论文导师安东尼·休伊什（1924 —）在1968年发现脉冲星时，这一结论就从理论一跃而成了观测结果。贝尔和休伊什使用剑桥市郊区穆拉德射电天文台的一架新的射电望远镜巡天，发现有一个源正在放射出每1.3秒一次的有规律脉冲。他们在搜寻中发现了更多此类精确的计时器——具有独特规律性周期的"滴答作响的时钟"。弗兰科·帕西尼（1939 — 2012）和托马斯·戈尔德（第2章中讨论过的稳态宇宙的支持者之一）提出，它们都是正在自旋的中子星。然而，要如此快速地旋转，这些天体就必须达到令人难以置信的致密程度。现在我们知道，脉冲星的旋转速度确实很快，而且它们的脉冲不仅在射电波段有，在X射线波段也有。在贝尔发现脉冲星后不久，天文学家们就注意到蟹状星云中心处的恒星也在发出脉冲，其频率大约是每秒30次。研究者们最终发现了另一种类型的恒星尸体。

发现最为奇异的恒星残迹花费了更长时间。直到20世纪60年代末，天文学家们和研究广义相对论的理论物理学家们最终联手，认真搜寻黑洞的进程才正式开始。又一次，理论和观测之间的合作催化并加强了对证据的追求。理论家雅可夫·泽尔多维奇（1914 — 1987）和埃德温·萨尔皮特（1924 — 2008）计算出，一个在太空中四处移动的黑洞会以星系中充满恒星之间区域的气体云和尘埃为其能量来源。他们从理论上推测，这可能会以光的形式提供一种标示，这种光的波长小于可见光，是受到加热的气体和尘埃被猛然吸入黑洞时放射出来的。当一个黑洞由于其强大的引力而从邻近区域吞噬气体时，我们就说它在吸积。天文学家们很快就意识到，要看到这样一个正在进行中的吸积事件，或者说正在摄取的情景，最佳构形会是一个双星系统，其中巨大的黑洞正在缓慢地撕扯开与它相伴的普通恒星。黑洞的拉力将下落气体加热到几千万摄氏度的极端高温，与太阳核区的温度相同。当时已经从理论上知道，处于这些温度下的气体会辐射出 X 射线。快速且随机的 X 射线闪烁被认为是存在一个活跃的、正在摄取物质的致密天体（中子星或黑洞）的明确证据。

由于黑洞的强大引力而被加速到接近光速的旋流气体所放射出的 X 射线揭示出黑洞的存在。我们需要安装在望远镜上的那些具有"X 射线之眼"的探测器，才能揭开这些原本人类无法看见的极端高能现象的面纱。这是一项挑战，因为虽然 X 射线能轻易穿透人类的皮肤，但却不能在地球大气中穿透很远的距离。因此，在地面望远镜上装载对 X 射线敏感的探测器（类似于埃德温·哈勃用照相底板来捕捉可见光那样的方法）纯属徒然。要向宇宙打开 X 射线的窗户，探测器就必须以某种方式放置于大气层之上。这当然需要依靠火箭制造和发射技术的进步，而激发这些进步的是国际冲突和战争，尤其是第二次世界大战。

第二次世界大战期间缴获的德国 V-2 系列火箭对此目的正派得上用场。对 X 射线天空的第一瞥是通过装载在一个探空火箭头锥中的探测器实现的，这个探空火箭于 1962 年由美国科学与工程集团发射升空，领导者是里卡尔多·贾科尼（1931 — ）。由一颗中子星绕着一颗典型恒星沿轨道运行而构成的双恒星系统 Sco X-1 是第一个被认知的天体。Sco X-1 发出的 X 射线强度比太阳大 1 亿倍。一个向着宇宙的全新窗口就这样打开了。1970 年，美国国家航空航天局从肯尼亚的蒙巴萨发射了第一颗 X 射线人造卫星"Uhuru"（这个名字在斯瓦希里语中意为"自由"，选择此名是为了对肯尼亚支持其发射表示敬意）。"Uhuru"提供了高能宇宙方面的大量数据，找到了 300 多个单独的源，其中包括许多可能由黑洞及其中子星伴星构成的 X 射线双星。此外还找到了一些 X 射线脉冲星，它们有的近在咫尺，有的远在天边。

早期的 X 射线人造卫星审视了第一批可能存在的黑洞，这些探测还导致了 X 射线天文学这一新领域的蓬勃发展。自"Uhuru"以来已有许多 X 射线人造卫星取得了成功，并且我们不仅探测到处于宇宙距离上的那些星系中心超大质量黑洞周围的气体涡流，还探测到数百万光年以外的一些近邻黑洞周围的发光气体涡旋。

利用 X 射线来揭开黑洞的面具为证实恒星生命周期理论提供了最后一条证据。贾科尼由于率先的开拓性工作"导致宇宙 X 射线源的发现"而获得 2002 年诺贝尔物理学奖[1]。自那时起，一大批装备有光学相机（如哈勃空间望远镜）、红外探测器（如红外天文卫星、斯皮策空间望远镜、威廉·赫歇尔望远镜）或 X 射线探测器（如伦琴卫星、爱因斯坦望远镜、宇宙学和天体物理学高新卫星、XMM- 牛顿卫星）的空间任务极大地完善了我们对于黑洞如何生长及演化的理解，因为它们以更为灵敏的仪器设备进一步拓展了我们探索宇宙的范围。

---

[1] "里卡尔多·贾科尼——资料项"（Riccardo Giacconi — Facts），2002年诺贝尔物理学奖资料单。——原注

※　　　※　　　※

中子星、脉冲星和类星体的发现最终导致人们接受了真实黑洞的理念。如今，整个科学界都认可这种曾经被认为激进的黑洞概念，并且我们之中有许多人都在致力于研究它们及其在星系形成中表现出来的重大作用。我本人的一些研究专注于理解黑洞在宇宙中的形成和生长。我特别感兴趣的是第一代黑洞的起源，以及它们如何变成我们所看到的隐藏在近邻星系中心的庞然大物。钱德拉首先提出的理论现在已成为流行的看法和完全被接受的范式：第一代黑洞很可能就是宇宙中形成的第一代恒星的尸体。但是这些黑洞（即早期恒星死亡后留下的碎屑）的质量比太阳大 10～50 倍，因此预计它们并不是特别大。然而在大爆炸发生后的 20 亿年内，我们却探测到大量类星体——活跃的、正在摄取物质的超大质量黑洞，其估计质量为太阳的 10 亿倍。

如此快速的增长——从很小的婴儿黑洞或"种子"黑洞到超大质量的巨兽——有可能在如此短的时间内发生吗？计算机模型说明，考虑到早期宇宙中的情况，黑洞需要在其生命的前 20 亿年中持续地鲸吞气体，以获得它们的质量。

我们可能以某种方式构成非常大质量的初始"种子"黑洞吗？许多天体物理学家都曾探讨过这个问题，试图推导出在甚早期宇宙能做到这一点的一些可行方式。我和我的一位博士后合作者朱塞佩·罗达托也为这一探索贡献了力量。我们研究出一种不同的理论，从而能够证明更大质量的"种子"黑洞确实可以从一开始就形成。有一种急剧的过程（在早期星系中心的气体快速聚合）制造出的黑洞比常见恒星死亡时产生的黑洞具有更大的质量。天文学家们将此称为一个直接探索的黑洞。结果证明早期宇宙中的情况允许此类天体的形成。我们与巴黎天文所的玛尔塔·佛伦特里一直在继续追踪此类诞生时没有恒星的黑洞的含义。我们预言了这类早期黑洞形成时所具有的独特观测信号，这还有待于数据的检验，而这些数据则将来自地面望远镜和预定在 2018 年发射的詹姆斯·韦伯空间望远镜。我在耶鲁大学的研究小组也热心参与理解最近在附近宇宙空间中发现的那些最大质量黑洞的生长历史。这些黑洞被称为极大质量黑洞，其质量超过太阳的 100 亿倍。我们在考虑黑洞是否能够不受阻碍地、无限地增长下去这个问题。我们与埃兹奎尔·特雷斯特合作并在共同研究后预言：从理论上来说，存在着一个上限，超过这个最大限度的黑洞就会阻碍其自身的生长。我们在这些庞然大物被发现之前就指出了这一情况。我们的研究工作断言：与吸积相关的那些物理过程会削减黑洞的生长，因此宇宙中的黑洞质量存在着一个最大限度。

要理解黑洞在其寄主星系中生长和发光过程中所起的作用，确定它们的起源是关键。黑洞摄取的那些气体就是形成恒星的原材料。气体的冷却对于恒星的形成是至关重要的，而在黑洞摄取气体的过程中所产生的 X 射线很可能会中断气体流入黑洞本身的过程，从而阻碍其生长和加热气体，阻止恒星形成。有趣的是，观测结果表明星系中的恒星形成在近期受到了抑制。虽然黑洞对其环境产生影响的细节还有待于完全理解，不过它们似乎是能够通过截停新恒星形成而决定性地改变星系状态的能量供给站。在 80 年前关于黑洞存在的预言都还在受到激烈的挑战，而结果却证明它们可能在星系的形成中起着关键作用。确确实实位于星系中心处的黑洞，可能会给出

我们理解星系如何聚合起来的新图像。星系通过彼此碰撞而增长，这就不可避免地意味着它们的中心黑洞也可能会发生碰撞并最终并合。天文学家们可以在黑洞相互并合时进一步觉察出它们的各种特征。正在发生并合的黑洞所发出的临终喘息制造出全新的、迄今尚未探测到的辐射，这种辐射被称为引力波。它们是爱因斯坦广义相对论的另一结果。引力波通常也被称为重力波，它们本质上是时空中的颤动，例如当两个黑洞发生并合时所产生的轻微抖动。它们的可探测性取决于黑洞并合需要多长时间，以及它们在并合过程中是否埋在气体中。

许多天体物理学家都在致力于计算伴随着黑洞并合而产生的那些额外的观测上的识别标志——任何 X 射线、射电或可见光波段的泄露其存在的信号。这在很大程度上取决于两个黑洞发生并合时所在区域周围的情况。无论是在理论计算方面还是在寻找任何旨在观测此类信号的行动方面，这都是一个非常活跃的研究领域。这也是一个我十分感兴趣的问题，因为它将理论与观测如此美妙地结合在了一起。2002 年，我的合作者、科罗拉多大学博尔德分校的菲利普·阿米蒂奇和我本人在这一领域的早期计算之一中证明：埋在气体中的并合黑洞对会迅速结合在一起，从而不仅能通过其他波段的辐射被间接探测到，还能够通过它们产生出的引力波而被直接探测到。引力波的发现将会在黑洞物理学领域开启一片新天地。激光干涉仪引力波天文台（Laser Interferometer Gravitational-Wave Observatory，LIGO）目前正在升级至"高级 LIGO"（Advanced LIGO），这一尝试已开始收集数据，并做好了准备随时探测来自并合黑洞的引力波。预计很快就会打开的引力波窗口将与黑洞的光学信号、X 射线和射电信号一起提供探测黑洞的另一种方法[1]。

黑洞如何从被摒弃于边缘的地位转移到我们地图中心的故事，正是仪器如何帮助理论成真的象征。但黑洞只是不可见领域中的一个微小部分，还有其他神秘莫测的、不可见的实体（暗物质和暗能量）在支配着宇宙及其命运，而这些实体至今仍然是难以捉摸的。

[1]　科学家们已于2016年2月11日和6月15日两次发布声明表示直接探测到了引力波。——译注。

第4章 隐形的网格：对付暗物质

想象夏洛克·福尔摩斯或赫尔克里·波洛[1]应用他们令人仰止的归纳能力和推理能力来侦破一桩谋杀案。证据、动机和现场俱在，但受害者却消失了。企图找到暗物质（一种在宇宙中无处不在的、不可见的物质）的天文学家们也面临着类似的谜团。与我们搜寻黑洞时的经历非常相似，我们只能够寻找暗物质对其邻近区域所产生的影响。我们可以探测到它对其邻近物体产生的引力，以及在考虑到广义相对论的情况下这种不可见的物质使光线弯曲的方式。尽管如此，我们在天文学上仍然面临着与检察官要求检验被害人尸体相当的难题，而在没有尸体的情况下就更难证明谋杀案的发生。

不过，暗物质是比黑洞更为狡猾的猎物。与普通物质不同，它不发射、吸收或反射任何辐射。它是惰性的。我们唯一确切知道的事情是，很可能形成于宇宙甚早期的暗物质粒子尽管奇异，却具有质量，占据了宇宙中全部物质的几乎所有质量，并且它们由引力驱

---

[1] 夏洛克·福尔摩斯和赫尔克里·波洛分别是英国侦探小说家阿瑟·柯南·道尔（1859—1930）和阿加莎·克里斯蒂（1890—1976）的小说中所塑造的著名侦探。——译注

动而在太空中积聚成堆状。元素周期表中的所有已知元素，包括构成我们自身的那些元素，只占据了包括物质和能量在内的宇宙全部内容的不足 4%，这相对于暗物质的量来说绝对是微不足道的。暗物质提供了恒星和星系形成、吸积和演化的支架，然而我们对它的了解却微乎其微[1]。

暗物质的背景故事起始于一个不太可能的场所——19 世纪慕尼黑的一间昏暗的玻璃制造车间。那里的一群玻璃工正在将发光的、熔化的玻璃吹成玻璃泡，随后再用吹管和喷灯来使它们成型。1787 年 3 月 6 日出生于巴伐利亚的约瑟夫·冯·夫琅禾费是玻璃吹制大师弗朗茨·克萨韦尔·夫琅禾费和玛利亚·安娜·弗洛里希的第十一个也即最小的孩子。他父母双方的家庭都有好几代制造玻璃的传统。夫琅禾费在 11 岁那年成为孤儿后，在慕尼黑跟着宫廷镜子和玻璃切割工当学徒。1801 年一座厂房倒塌时，他正在里面，不过他得到了救援。后来成为巴伐利亚国王的选帝侯马克西米利安四世为此惨祸动容，他个人为这个小男孩的未来提供了一笔钱。夫琅禾费利用这些资金发明的工具彻底改变了天文学，并在 132 年后首次揭示出暗物质的存在[2]。1933 年发现暗物质的弗里茨·兹威基应该感谢 19 世纪这家玻璃厂的倒塌。

夫琅禾费这项发明的关键在于，任何物体发射出的光都与指纹类似，它们留下以频率为关键信息的特殊证据，这些证据标识着该

---

[1] 理查德·帕内克，《4%的宇宙：暗物质、暗能量，以及发现其余现实的竞速》（*The 4% Universe: Dark Matter, Dark Energy, and the Race to Discover the Rest of Reality*, New York: Mariner Books, 2011），第1~6章。——原注

[2] 夫琅禾费的传记可参见T. 霍基主编的《天文学家传记百科全书》（*The Biographical Encyclopedia of Astronomers*, Heidelberg:Springer，2009）。第388页。——原注

物体化学成分的独特性质。年轻而不安分的夫琅禾费对于为皇家制作装饰性玻璃制品感到厌倦了，因此在慕尼黑的约瑟夫·尤兹内德尔光学研究所谋得了一个职位。他在那里受得了物理学、数学和光学的正规教育。他学得很快，接下去就在1807年写出了一篇很有影响力的论文，其中展示了抛物面反射镜由于其成像质量而用在反射式望远镜中的优越性。在他被从瓦砾堆中救出来短短6年后，夫琅禾费在光学天文望远镜所用的透镜方面也取得了一项重大突破。

当光线射到一片透镜的玻璃表面上时，它们会发生弯曲或折射，其弯曲程度取决于波长以及该透镜的各项物质性质（在本例中是玻璃的成分）。例如，在可见光波段，红光几乎不改变其通过透镜的路径，但波长较短的紫光则会改变方向。正如配镜师相对于一个标准来具体指明我们的眼镜片的放大率，天文学家也需要校准望远镜的透镜，以确定我们通过这些透镜所观察到的天体的亮度。由于遥远昏暗的天体的放大效应是由望远镜透镜的集光面积决定的，因此校准过程就需要开发出能够将所有色光聚焦在一起的透镜。夫琅禾费了解光的波动本性，他开发出了用于分离不同光线频率的分光镜。这导致我们能够解读遥远天体的光谱中呈现出的化学元素所构成的独特指纹，从而识别出这个天体的成分。夫琅禾费同时代的人们很快就认识到他的才能，因此他后来当上了该光学研究所的所长。

尽管夫琅禾费的许多磨制和抛光镜面的技巧都随着他的去世而失传了，但在他的透镜校准方法和他发明的分光镜的催化作用下，我们对于远远近近的所有天体的成分及特征有了新的理解。他的发明改变了天文学，从而导致光谱学（即对宇宙光源的光谱进行分析）作为一种强大的、新的定量工具发展起来。1812年，利用实验室里的那些已知光源（例如钠灯），夫琅禾费确定了透镜的折射率，并用阳光来对它们进行校准。他在测量太阳光谱的过程中探测到了600条暗线，如今这些暗线被称为谱线。他意识到这些谱线是阳光的特征，于是测定了太阳光谱中每种色光的折射率，从而通过将这些暗线作为标尺来校准透镜。这些谱线揭示了太阳的原子构成。虽然夫琅禾费没有进一步研究这些暗线的起源，但他测量出了它们的波长，由此就组装出了第一台摄谱仪[1]。他还观察到那些最明亮的恒星的光谱与太阳的光谱是不同的。

夫琅禾费首先探测到的太阳光谱中的这些暗线为光谱学的种种天文学应用打开了大门。假如没有他的摄谱仪，我们就会只有静态图像——这是没有任何关于运动的信息的图像，而维斯托·斯里弗、亨丽埃塔·勒维特、埃德温·哈勃等人所做的那些不可思议的工作也不可能完成，天文学会仅仅停滞在美丽的图片之上。简单地说，夫琅禾费启动了完善摄谱仪（精确测量高速运动的星云的关键仪器）的技术和工艺，而这些测量导致了120年后推断出暗物质的存在。

暗物质的故事所勾画出的曲折情节相当不同于我到目前为止所描述过的那些故事。与黑洞的情况不同，提出暗物质的过程中没有任何数学理论，只是一组令人困惑的观测现象，它们似乎在一个牛顿的引力理论预期应该成立的领域中与之相悖。虽然天文学家们根据星系的运动来推断出它们的质量，但是在这样做的时候，他们发现有些事情出现了差错。在这种情况下是经验数据，即真实测量值完全不合情理。观测数据表明，存在的质量比可以看到的质量多10

[1]　美国物理学会，《光谱学以及天体物理学的诞生》（*Spectroscopy and the Birth of Astrophysics*），物理学史中心。——原注

倍。尽管有确凿的观测证据，而且暗物质这种理念也是完全由数据驱动的，但科学界并没有立即或普遍接受这一概念。天文学家们抗拒存在着一种不可见的宇宙实体这样的理念，这倒并不奇怪。这是因为以前曾假定的那些不可见的力以及无所不在的流体（例如以太、瘴气和燃素）最终都被证明是错误的。借助于另一种不可见的动因去解释观测现象很难令人信服。

弗里茨·兹威基才华横溢、创意无限，而又脾气暴躁。他在1933年的一篇论文中首先引入了暗物质。他记录下邻近的后发星系团中星系的运动，以期能测定它们的质量。我们如今已经知道，星系团是宇宙中质量最大的体系，包括后发星系团在内的所有星系团都由大约1000个高速旋转、被引力结合在一起的星系构成。兹威基详细研究了后发星系团中最明亮的8个星系的运动，他所利用的就是哈勃发现膨胀宇宙的威尔逊山天文台2540毫米望远镜上的摄谱仪。兹威基发现，这些星系在星系团内部绕行的速度全都远远大于只考虑可见恒星的引力时所预言的速度。他的数据说明这些星系具有大约300万千米/小时的速率，这就意味着这个星系团的质量比预期的或者看见的要致密400倍。他在1933年的一篇论文中发表了这些研究成果，并宣称后发星系团乃至整个宇宙中必定存在着一种看不见的成分，即黑暗物质，或者称为暗物质，它们的引力很可能会对这些巨大的速率做出解释。

在这篇论文中，兹威基表达的看法是："倘若这［异常高密度］得到确认，我们就会得出这样一个惊人的结论：暗物质存在［于后发星系团中］，其密度比发光物质要高得多。"他总结道："后发星系团（以及其他星系团）中非常大的速度弥散度反映出一个未解决的问题。"[1]

兹威基的结论明确依赖于对一个关键量的估测，即质量 – 光度因子（简称为质光比），而这取决于哈勃常数。请记住，在哈勃定律中，哈勃常数将速率与距离联系在一起（正如我们在第2章中见到过的），并且能对宇宙目前的年龄给出一个估计值。质光比定义为一群恒星所产生的总光度相对于其质量而言的数值。1933年，兹威基还不敢考虑去挑战哈勃常数的值或降低质光比，以解决后发星系团中的运动所需要的质量与他看到的现象之间的矛盾。引入暗物质是唯一的解决之道。

1936年，即兹威基发表他的论文后3年，另一位天文学家辛克莱尔·史密斯提出了一个类似的实例：在另一个近邻星系团——室女座星系团中也存在着看不见的质量成分。史密斯提出，这些缺失的质量也许正潜伏在这个星系团的那些"星云际"空洞中，即星系之间的空间之中。然而，即使在这第二篇论文也为星系团中存在暗物质提供了实例之后，这个概念仍然几乎没有受到任何关注[2]。

考虑到兹威基的威望以及与他相关的其他各种影响深远的发现，我们很难理解这一最初发现为何没有受到天文学界的关注。这在一定程度上可能是由他的个性造成的，因此暗物质问题的进展就被拖

［1］ F. 兹威基，《河外星云的红移》（*Die Rotverschiebung von extragalaktischen Nebeln*），英文版译者为弗里德曼·布劳尔，刊于《瑞士物理学报》（*Helvetica Physica Acta*），1933年第6期，第110～127页。对于这些翻译，我依赖的是西德尼·范登伯格所著的《暗物质的早期历史》（*The Early History of Dark Matter*），刊于《太平洋天文学会汇刊》（*Publications of the Astronomical Society of Pacific* 111, no. 760），1999年6月，第657页。——译注
［2］ 克莱尔·史密斯，《室女座星系团的质量》（*The Mass of the Virgo Cluster*），《天体物理学杂志》，1936年，第83期，第23～31页。——原注

延了数十年之久。这一理念直到 20 世纪 70 年代才得以重生，当时用它来帮助解释一个截然不同的尺度上的问题——星系内部的恒星速率[1]。在兹威基报告其发现的那篇论文发表了 40 年以后，天文学家维拉·鲁宾（1928 —）和肯特·福特（1931 —）在测定单个旋涡星系的时候，意外地再次发现了暗物质。他们的做法是利用一个像管摄谱仪来分离恒星发出的光，以测量它们的运动，并观测其运动的红移和蓝移。鲁宾和福特开始并不打算寻找暗物质，他们寻找的是旋涡星系中发生旋转的证据，但他们在数据中发现了一些完全不合情理的趋势。旋涡星系中那些恒星的运动表明，恒星受到的引力比仅从星系中可见的恒星和气体质量所推断出的引力更大，其结果是它们的移动速度也要快得多。对于鲁宾和福特而言，尸体从犯罪现场消失的情况再次发生了。不过，由于他们当时在研究星系，因此没有将他们在解释恒星速率时所需要的缺失质量与兹威基在星系团中引入的"黑暗物质"联系起来。正如我们已经看到的，新理念的接受过程并不是一蹴而就的。科学史学家德瑞克·J. 德索拉·普莱斯（1922 — 1983）着重提到："许多重要发现应该以独立的、略微不同的方式重来两三次，也许甚至可以说这是更加可取的做法。"这恰恰就是在暗物质这一情况中所发生的[2]。同一种难以捉摸的暗物

---

[1] 特利西亚·克洛斯，《山上的疯子：弗里茨·兹威基和暗物质的早期历史》（*Lunatic on a Mountain: Fritz Zwicky and the Early History of Dark Matter*），硕士论文，加拿大新斯科舍省哈利法克斯市圣玛丽大学2001年。——译注

[2] "肯特·福特和维拉·鲁宾的像管摄谱仪名列史密森学会'101件创造美国的物品'"（Kent Ford & Vera Rubin's Image Tube Spectrograph named in Smithsonian's "101 Objects that Made America"），卡内基科学研究所地磁学部；德瑞克·J. 德索拉·普莱斯，《小科学，大科学》（*Little Science, Big Science*, New York: Columbia University Press, 1963），第70页。——原注

质能够同时解决这两种物理尺度大相径庭的难题，对于这一点的认知（一种统一的观点）必定要来自于理论。

20 世纪 70 年代，宇宙学中的理论理解还落后于观测发现，但事实证明鲁宾和福特的发现是暗物质的引爆点。为宇宙中一切结构的形成构建出目前得到接受的暗物质驱动的理论模型只花费了 10 年的时间。许多独立观测所得的证据已确立了关于这种星系形成的标准解释模型，这种模型被称为冷暗物质范式[1]。在这种模型中，暗物质是一切结构形成的主要驱动者。暗物质的存在及其在宇宙中所起的重大作用如今都已得到公认。不过，在理论预言和观测之间仍然存在着几个小缺口。考虑到这种模型的复杂性以及它已得到发展和打磨的程度，可知对它发起挑战或提供一个替代方案都极为困难。不过，还是有人勇于去尝试构建出一种与之竞争的理论——一种不需要暗物质的替代观点，我们很快就会与它邂逅了。

在暗物质的发现和重新发现过程中，有一个方面不同于黑洞或膨胀宇宙的故事，那就是我们鲜少遭遇可能妨碍这种概念得到接纳的有权势的科学家。科学及知识产生的过程在 1933 年到 1978 年之间发生了巨大的变革，此时这已成为一项更为集体化的事业，而科学讨论也更为宽泛了。科学和技术当时开始在日常生活中发挥更加重大的作用，包括第二次世界大战和苏联第一颗空间卫星"斯普特尼克号"发射在内的一些全球性事件推动了美国科学和工程学的发展。为战争效力而建立起来的军工复合体意味着政府对科学和技术的巨额投资，而这将尖端科学研究的主体最终转移到了美国。当然，

[1] 暗物质粒子——不管它们可能是什么——预期会以低速运动，因此被称为冷的。——原注

对于这一切至关重要的是，20 世纪前半叶，人才从欧洲迁徙到美国，即营救才智出众的大师们的行动，在某种程度上可以将其看成用知识分子来偿还战争赔款。这在当时开始得很早，并且一直在加快步伐。此行动也给科学研究传送了一股新的动力。对于这一切至关重要的是具有创业精神的天文学家乔治·埃勒里·黑尔（1868 — 1938）的学术领导。20 世纪初，他开始从美国慈善家那里获得赞助，用以在美国西海岸置办档次最高的仪器设备、望远镜和研究设施[1]。天文学整装待发，随时准备利用这一大辐合。

　　暗物质的故事是 20 世纪最具创新精神的一些天文学智者的故事。爱因斯坦和哈勃也在这个故事中扮演了角色，而兹威基、鲁宾和福特则是其中的主要人物。同样是到 20 世纪 70 年代，宇宙学中对抗和竞争的风格发生了显著的变化。在此前的数十年中，绅士型的科学家们在皇家学会或剑桥大学三一学院的豪华房间里争论。相比之下，20 世纪 70 年代科学的参与程度更为广泛，特别是随着新发现的重心慢慢地从欧洲大陆和英国转移到了美国，在那些特别召集的会议上出现了公开辩论，而且这一领域也变得更加兼收并蓄，更加全球化。这是天文学民主化的开端。在知识方面，我们可以说天文学正在作为一门科学而成熟起来，因为它从集中探测个别天体和现象演变到了逐渐专注于更为系统的、精确的测量。这个时候对于更高精度的仪器产生了日益增长的需求，用于以越来越高的精确性进行和重复观测。暗物质的案例表明了仪器和观测在建立一种理论来解释数据的过程中所发挥的新的、决定性的激励作用。接受暗物质

----

　　[1]　乔恩·阿加尔，《20世纪的科学——不止于此》（*Science in the Twentieth Century— and Beyond*, Cambridge: Polity, 2012），第164页。——原注

概念时的勉为其难为我们科学实践中的许多其他新层面带来了光明。这些领域自 20 世纪初以来已有了长足的发展。

在儿童故事《小王子》[1]中，狐狸告诉王子说："最实质性的东西，用眼睛是看不到的。"不过人类早在安托万·德·圣－埃克苏佩里于1942年出版的这本小说之前很久就已对看不见的东西出神入迷。早期的现代科学常常为一些无法解释的现象指定一些不可见的原因。自然哲学家们假定用不可见的动因来作为疾病的起因，用介质来解释光的传播，用燃素来解释物质的燃烧。在细菌的概念建立起来之前，许多人都相信是吸入瘴气（miasma，该词的原意就是一种不健康的气味），导致了疾病。17 世纪的一种理论认为，当物质中包含一种类似火的元素——燃素时，它们就能够在空气中燃烧（人们相信能够在空气中燃烧的物体富有燃素），而当空气不能再吸收更多的这种物质时，燃烧就停止了。罗伯特·波义耳（1627—1691）被许多人认为是第一位现代化学家，他是首先怀疑空气不是一种物质而是由许多物质混合而成的人之一。他在 1674 年出版的《关于空气中的一些隐藏特性的怀疑》(*Suspicions about Some Hidden Qualities in the Air*) 一书中这样谈论空气："世界上罕有比空气更异质性的物体。"他对空气在燃烧和氧化过程中所起的作用进行了核查和研究，最终导致燃素概念被摒弃[2]。

---

［1］ 《小王子》(*The Little Prince*) 是法国作家、诗人、飞行员安托万·德·圣-埃克苏佩里（1900—1944）撰写的小说，是世界上最畅销的图书之一，已被翻译成250多种语言。此书有人民文学出版社、中国友谊出版社、上海译文出版社、华东师范大学出版社等多个中译本。——译注

［2］ 安托万·德·圣-埃克苏佩里，《小王子》英文版（New York: Harcourt Brace and World, 1943），译者为凯瑟琳·伍兹，第48页；约翰·F 富尔顿，《罗伯特·波义耳及其对17世纪思想的影响》(*Robert Boyle and His Influence on Thought in the Seventeenth Century, Isis* 18, no. 1)，1932年7月，第77～102页。——原注

　　甚至到了 19 世纪，看不见的以太这种概念还是诱惑了一些支持者。直至阿尔伯特·迈克耳孙（1852 — 1931）和爱德华·莫雷（1838 — 1923）1887 年的实验证明以太不存在之前，许多人都相信这种无所不在的介质存在且能够传播光波和引力。在牛顿的光的微粒理论背景下，以太被认为是帮助光粒子从发射器中传输出来的介质。这种观念来源于与声音的类比：众所周知，声波是依靠挤压它们的介质——空气来传播的，通过压缩和松开空气粒子，最终传送到我们的耳鼓膜。因此，介质的存在就被视为对于光波的传播也是必不可少的，从而导致了以太的假设。假如以太确实充满了空间，那么地球在绕太阳沿轨道运行时，我们就应该可以探测到地球的运动，并且可以度量。迈克耳孙和莫雷设置了一个实验来测量这一运动。他们使用的是所谓的干涉仪，这种仪器在某种意义上来说是使两束光相互赛跑，其中一束光必须逆着假设的以太流方向前进，另一束光则与它垂直。假如这种以太流是真实存在的，那么光线沿这两条路径前进所花费的时间就应该明显不一致，但是迈克耳孙和莫雷却没有发现任何差别。以太不存在[1]。这是物理学中赢得诺贝尔奖的最著名的"零结果"实验之一。我们现在知道，光是作为电磁场前进的——它不需要任何介质来传播，而且事实上在完全真空中它的速度最快。这条干涉波原理正是 LIGO 实验（前一章中描述过该实验）所依赖的，不过他们所考虑的波是引力波，是当两个黑洞发生并合时在时空中制造出的颤动。在这种情况下，两条路径的长度会发生

---

　　[1]　阿尔伯特·迈克耳孙和爱德华·莫雷，《论地球和光以太的相对运动》（*On the Relative Motion of the Earth and of the Luminiferous Ether*），刊于《星际使者》（*Sidereal Messenger*），1887年第6期，第306～310页。迈克耳孙因开发出干涉仪这种精密光学仪器而被授予1907年的诺贝尔物理学奖。——原注

变化，这是因为引力波会改变实验中两条干涉臂的长度。

随着爱因斯坦构想出广义相对论，有一个事实变得清楚了：引力也不需要介质——它作为在四维时空构造中具有质量的物体周围形成的凹坑而局域性地表现出来。在 20 世纪 20 和 30 年代对于宇宙日渐增长的新理解之中，正如我们早前已经看到的，哈勃发现膨胀宇宙是重大突破。这一发现是利用造父变星（这类恒星的性质可用于推断精确距离）来测量河外星云的距离所得出的。当哈勃等人在测量银河系以外的那些星系的距离和速率时，仍有另一些人则希望能利用牛顿引力定律（他们认为这几条定律在整个宇宙中都是成立的）再进一步确定这些星系的质量。

知识分子在科学层面上的声誉通常是逐渐建立起来的，然而哈勃却迅速达到了巅峰。到 20 世纪 40 年代初，他已是观测天文学中的翘楚，他的工作也无可争辩。他和兹威基之间存在着一种并不张扬的对抗关系，这是因为他们当时都在加州理工学院工作，并且正在竞争同一批望远镜资源。哈勃总是得到资源和望远镜使用时间的最大份额，这令兹威基感到不快也是可以理解的。当然，能够实现更加精确的测量并对哈勃常数的值提出挑战的仪器和技术当时尚未出现。因此，兹威基提出的"黑暗物质"概念的革新性和推测性没有驱使人们去复核哈勃的工作。事实上，兹威基本人也认为自己所举出的暗物质实例并不足以令人信服，因此仍然保持着一点怀疑，正如哈勃对于膨胀宇宙的态度一样。甚至迟至 1957 年，兹威基还承认说："这些［来自后发星系团的］惊人结果最终如何解释，目前尚不清楚。"对于还有另一种黑暗的、看不见的隐匿实体的想法，也很难当真，甚至对于最初提出它的人来说也是如此[1]。正如我们已经看到的，那些变革性科学理念的最初提出者们常常抗拒接受它们或它们的含义。这些理念产生的深远后果通常就是这种挣扎的起因。

尽管兹威基1933年的那篇论文没有引起天文界的注意，但他并没有放弃，而是进一步探索其中的理念。他意识到，假如星系团中包含着大量不可见的物质，那么这些物质就应该使时空发生弯曲。当光线穿过时空中由星系团的庞大引力所引起的凹坑时，它们就会偏离直线路径。换言之，一个星系团的作用就像一个光学透镜，能发散和会聚光线。兹威基将这些大质量星系团称为引力透镜。在1937年发表的一篇论文中，他再次论述了暗物质的理念：他估计了一个星系团所造成的光线弯曲，并提出这是星系团中存在大量暗物质的一个不可避免的后果，但这种效应对当时的仪器而言还太小，不足以被探测到[2]。

由于缺乏恰当的仪器，因此兹威基的提议直到20世纪60年代才开始备受关注。天文学家舒尔·雷夫斯达尔（1935 — 2009）、拉梅什·纳拉扬（1959 —）和罗杰·布兰福德（1949 —）对兹威基关于光弯曲预期量的工作重新产生了兴趣，并加以拓展。他们认识到，在某些特殊的环境下，引力效应可能会达到极端程度，从而比

[1] F. 兹威基，《形态天文学》（*Morphological Astronomy*, Berlin: Springer, 1957），第132页。虽然我们可以将臆造出"暗物质"这个术语归功于兹威基，不过由J. R. 邦德和A. S. 绍洛伊在《膨胀宇宙中密度涨落的无碰撞阻尼》（*The Collisionless Damping of Density Fluctuations in an Expanding Universe*）一文中将其现代用法引入文献，指代冷的、无碰撞的粒子。此文刊登在《天体物理学杂志》，1983年，第274卷，第443~468页。——原注

[2] F. 兹威基，《论星云和星云团的质量》（*On the Masses of Nebulae and of Clusters of Nebular*），刊于《天体物理学杂志》，1937年，第86卷，第237页。——原注

较容易被探测到。他们发现，当背景星系恰好在大质量星系团的正后方对齐时，它们所放射出的光线偶尔会被严重拉伸而形成长弧形，以致有时这些光线甚至会分裂成两条。光线的这种分裂所导致的结果是，同一个背景星系会产生两个放大的像。背景星系还可能出现更大数量的虚像，而具体情况视它们对齐的精度而定。例如，在非常大质量的星系团 CL0024+16（它充当透镜的作用）的哈勃太空望远镜图像中，同一个背景星系重复出现了 5 次！我们知道这些都是同一个天体所成的像，而不只是面目极为相似的天体，这是因为我们能够测量它们的光谱，即它们独一无二的化学指纹。这 5 个像的光谱完全相同。

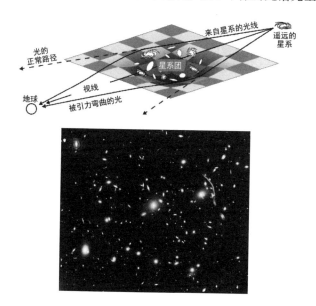

上图：由星系团引起的光线弯曲和时空中的凹陷。下图：由哈勃空间望远镜拍摄到的星系团 Abell 370 中的引力透镜图像，最初观测是从地面的加拿大–法国–夏威夷望远镜得到的。（图片由美国国家航空航天局、欧洲太空署、哈勃 SM4 ERO 小组以及空间望远镜欧洲协调机构提供。）

  这些多重像的另一个值得注意的特征是，其中有一些可能会被高度拉伸，因此一个椭圆形规则背景星系也许会被撕裂成许多个像，其中有一些会畸变成相当细长的椭圆或弧形。理论上所预言的强透镜会产生的那些引人注目的弧形像，如今在星系团的高分辨率图像中已经司空见惯。在背景星系与星系团的对齐程度不那么完美的情况之下，来自星系的光线发生微小弯折，由此所导致的轻微拉伸被称为弱透镜现象。当天文学家吉纳维芙·苏凯尔和贝尔纳·福尔于1987年利用安置在夏威夷的加拿大 - 法国 - 夏威夷望远镜在星系团Abell 370 中探测到被高度拉伸的弧时，他们知道除非测得这条弧的光谱与同一星系所产生的其他像的光谱一致，否则他们就不可能说服任何人相信这是引力透镜在起作用。他们测得了光谱，并发现它与该图像中扭曲程度较低的另一些像完全一致，从而得以证明他们探测到了引力透镜现象[1]。望远镜光学的进展最终证明兹威基是正确的。

  自那时以来，哈勃太空望远镜细腻的分辨率令我们能够探测到更多受到引力透镜影响的星系。通过追踪光线的路径，我们现在已经能够重建出星系团中导致这种光线偏折的不可见物质的详细分布。不过，充当透镜的星系团是罕见的天体。夜空的大部分都没有发生扭曲，因此展示的是星系的真实形状。这些未经扭曲的形状为测定点缀着星系团的那些区域所产生的透镜强度提供了一种基准。我本人的专长在于描绘暗物质在产生这些透镜效应的星系团中的聚度。

  [1] G. 苏凯尔，《星系团A370中心的明亮巨弧》（*The Giant Luminous Arc in the Centre of the A 370 Cluster of Galaxies*），刊于《欧洲南方天文台信使》（*ESO Messenger* 48），1987年6月，第43～44页。——原注

利用数个透镜星系团的哈勃空间望远镜数据，我和这一领域中其他许多人的研究工作已揭示出，暗物质在大尺度和小尺度上都在星系团中占据主导地位。事实上，正是聚合起来的暗物质导致了这些透镜效应，因为星系团成员星系中的可见恒星质量不足以产生观测到的偏折强度。通过描绘星系团内部的暗物质，我们发现其中包含着两个种类：一种平滑分布的和一种成块分布的，后者可以与星系团中由于引力作用而束缚在一起的星系联系在一起。

所有质量都会由于其对时空结构的压印而产生凹坑和山谷，结果导致光线路径的偏折。从这个意义上来说，透镜是一种普遍存在的现象。透镜的质量越大，它的透镜效应就越强烈，它也就越容易被观测到。引力透镜为测量我们宇宙的那些重要特征提供了一种独一无二的、独立的工具，并且正如我们在下一章中将会看到的，它甚至在探究我们宇宙中存在的另一种不可见的神秘成分——暗能量时也派得上用场。

在人们开始认真对待暗物质这一理念之前，它还有过另外几次受挫后的复兴。事实上，它再三被引入，然后又被忽略或抛弃，直到另一组观测需要它来做出有力的解释，它才得以复活重生。令人迷惑的是，这些尝试中的大部分都是独立的，并且是在完全不知道早先研究工作的情况下完成的。暗物质概念的这种持续不断地再现后又被摒弃和遗忘的遭遇，是具有极端变革性的科学理念的生命周期所特有的。

我们故事中的下一个里程碑来自于在较小尺度上的观测：单个星系尺度——与星系团相对而言。到20世纪30年代，这些单个星系还是我们更为熟悉的天体，在宇宙中观测到的数量也更多。20世纪40年代，备受尊重的荷兰天文学家扬·奥尔特（1900 — 1992）在对旋涡星系进行详细研究后声称："这种系统中的物质分布似乎与其光的分布并无联系。"[1] 这又是一个大胆的断言，因为当时还没有任何理由相信构成星系的成分除了可见的恒星之外还会有任何其他东西。

暗物质理念的下一次复兴随着对近邻区域的观测出现在1959年。当时天文学家弗朗茨·丹尼尔·卡恩（1926 — 1998）和路德维克·沃尔彻（1930 — ）推算出了银河系及最邻近的仙女座星系的质量。他们发现仙女座星系与宇宙中所有其他的星系都不同，它是在向着银河系冲来，而不是远离银河系而去。他们对此的结论是，这意味着有一些不可见的质量所产生的引力在起作用。他们断言，既然所有可见恒星都可以完全考虑到，那么大部分质量就必定是以某种不可见的形式存在的。又一次，他们没有联系到兹威基先前的断言，即在后发星系团中存在着这样一种成分。事实上，卡恩和沃尔彻似乎对兹威基和史密斯早前对于近邻星系团中不可见质量的研究工作浑然不知，因为他们在自己的研究工作中并没有引用那些论文[2]。与此同时，兹威基正在迎难而上，慢慢地开展对更多近邻星系团的研究，目的是测试这些结构是否确实保持着平衡状态，这是由于对暗物质的需求依赖于这一假设。虽然他执拗地纠结于这种观点，但似乎还

---

[1] J. H. 奥尔特，《关于银河系及椭圆星云NGC 3115和NGC 4494的结构和动力学的几个问题》（*Some Problems Concerning the Structure and Dynamics of the Galactic System and the Elliptical Nebulae NGC 3115 and 4494*），刊于《天体物理学杂志》，1940年，第91卷，第273页。——原注

[2]   F. D. 卡恩和L. 沃尔彻，《星系际物质和银河系》（*Intergalactic Matter and the Galaxy*），刊于《天体物理学杂志》，1959年，第130卷，第705～717页。——原注

是舍弃了他对缺失质量的理念和对"黑暗物质"的搜寻。不过，天文学家们花了更长时间才理解正是这种黑暗的、不可见的成分才可以解释在不同物理尺度的天体（星系团和星系）中所测得的运动。在兹威基 1933 年提出最初推测的 30 多年后，他们开始发现种类繁多的黑暗致密天体，即中子星和黑洞。与恒星不同的是，它们不发射光线。星系和星系团中可能充满了大量这种本质黑暗的天体吗？这种可能就是其引力正在被探测到的暗物质吗？一段时间之后，研究者们经过考虑，终于还是摒弃了这些黑暗天体可能就是暗物质的可能性。

在卡恩和沃尔彻的短暂探究之后，关于暗物质的整个课题都在相当长的一段时间内遭到了忽视。为了检验为何这种理念会在如此漫长的时间里蛰伏和被弃置，我们值得更深入地去了解那位关键性的人物——兹威基。1922 年他在苏黎世的瑞士联邦理工学院取得了博士学位，研究内容是离子晶体，而不是天文学。他在动身前往美国之前又在他的母校继续从事了 3 年研究工作。在那个历史关头，美国科学非常国际化，而且这个国家对于那些满怀雄心壮志的欧洲科学家来说也是一个具有吸引力的去往之地。当时有一些慈善项目能从国外招募有才华的年轻科学家。洛克菲勒基金会国际教育委员会的博士后资助项目是最早的那批之一，其运作时间是 1924 年到 1930 年，吸引了 135 位欧洲物理学家。紧随其后的是大约 1800 位科学家移民，其中大多数是犹太人。他们为了逃离纳粹寻求庇护所。兹威基是第一波移民潮中的一员，并且得到了洛克菲勒博士后资助。1925 年，27 岁的他前往加州理工学院，与实验物理学家罗伯特·密

立根^[1]共事。兹威基的到来恰逢其时。哈勃的开拓性观测工作正在进行之中，而在帕洛玛山建造下一代2540毫米望远镜的计划也已经开始。

很快，在独占式使用这台世界上最大望远镜（帕洛玛望远镜取代了威尔逊山望远镜的地位）这种权力的刺激下，兹威基和数位其他科学家都将他们的关注焦点转移到了天文学和天体物理学。事实证明，兹威基转换阵地是独具慧眼和卓有成效的决策。作为一名在国外接受过训练的局外人，他提供了一种新鲜视角，从而发起了许多具有创造性的项目。不过，他是一个脾气急躁、满口恶言且刚愎自用的人。他唐突无理和目空一切的作风引起了同事们的积怨。与他如今身处的环境相比，他接受训练的学术文化是迥然不同的，那时更加等级分明。虽然他也确实还有几个仰慕者，但许多人都很难忍受他的那种妄自尊大。不过，1974年有一位同事是这样赞颂他的："兹威基拥有着那种必然与伟大相伴的特质，即对其他人产生一种强烈的正面的或负面的反应……那些看得更远或更深的人并不处处得到敬仰。"^[2]

兹威基唐突无理的举止，再加上他的傲慢自大，很可能给别人对他的工作的关注度带来不利影响。他充溢着各种想法，其中有许多是错误的，不过也有不少后来发现是正确的，这里面就包括了被忽略的那些。在《宇宙的寂寞心灵》一书中，丹尼斯·奥弗比描述

---

[1] 罗伯特·密立根（1868—1953），美国物理学家，由于精确测量基本电荷量的油滴实验和光电效应方面的工作而获得1923年诺贝尔物理学奖。——译注
[2] A. 威尔逊，《兹威基：人文主义者和哲学家》（*Zwicky: Humanist and Philosopher*），刊于《工程与科学》（*Engineering and Science* 37），1974年3~4月，第18页。——原注

了科学界对兹威基缺乏信心的状况：“[他]有这么多想法，以至于其他天文学家几乎不可能从众多匪夷所思的念头中取其精华。”[1]

正如我们已经看到的，科学家们的个性常常强烈影响着科学界中的其他人是如何接受他们的研究工作的，而不管这项工作的重要性如何。英雄崇拜主义文化以及对于天才的集体认同常常导致同事们对那些才华横溢的科学家法外施恩，他们不必遵守社会所接受的行为准则。因此，一个人如果被视为天才，那么他常常就得到了一张丹书铁券，于是他强横霸道、肆无忌惮的行为就被忽略不计，但情况也并不总是这样。兹威基就是没有被授予这种豁免权的科学家之一。由于他的暴躁性情，他提出的暗物质理念遭受了异乎寻常的长时间的冷落。

然而，科学家们不可能永远置它于不顾。1970年，维拉·鲁宾和福特在华盛顿特区卡内基研究所的中型天文学项目中开始合作研究星系动力学。鲁宾是一位身材纤细、轻言细语而又意志坚决的女性，她是目前在世的最杰出的天文学家之一。她不是一个会挑起争端的人，因此虽然她和福特的结果说明在他们所研究的那些旋涡星系中需要有大量不可见的物质，但他们却拖延着与别人分享这些结果。他们小心谨慎地发表论文报告了他们的这些古怪数据，并提出了许多其他阐释，显然是在回避暗物质诠解。1973年，在他们与朱迪斯·鲁宾（维拉·鲁宾的女儿）合写的一篇论文中，结尾的一句话明显是要转移读者的注意力，避开他们研究中得失攸关的部分：“显然我们

---

[1] 丹尼斯·奥弗比，《宇宙的寂寞心灵》（*Lonely Hearts of the Cosmos*, New York: Harper Collins, 1991），第18页。——原注

还没有完成这项工作。"[1]鲁宾和福特并没有将他们对于那些遥远旋涡星系的发现与卡恩和沃尔彻对于我们近邻的两个旋涡星系——银河系和仙女座星系的发现联系起来。事实上，他们似乎也对所有关于暗物质的早期工作一无所知，他们对兹威基从星系团得出的推论也毫不知情。

作为一名女性，鲁宾走上天文学研究的道路并不典型。她于1950年进入康奈尔大学攻读硕士学位，以求与当时在那里攻读博士学位的丈夫团聚。鲁宾的硕士论文项目中包括搜寻星系内部的任何系统运动，她特别关注的是转动。她的研究动机是纯粹的好奇心，因为当时没有任何理论基础用于推断星系是否在旋转。从某种程度上说，她处在专业边缘的这种状况给了她提出有独创性问题的自由，而这些问题在当时作为天文学传统大本营的普林斯顿大学、哈佛大学和加州理工学院也许并不会得到鼓励。1950年，她在宾夕法尼亚州哈弗福德举行的美国天文学会年会上报告了她的这些发现。在1996年接受美国物理学会的一次访谈时，鲁宾叙述道，她当时刚生完第一个孩子几个星期，她紧张不安地走进屋子，完全不认识聚集在现场的任何大人物。她的演讲有一个宏大的标题——"宇宙的旋转"，但这一选择是出于天真，而不是出于自大。演讲引发的反应充满了敌意。这些评论的大致意思是，她正在试图做的事情简直就做不到。不过她清晰地记得，在这一片怀疑声之中，有一位温文尔雅、带有浓重德国口音的男子温和地鼓励她说："这件事做起来很有意思，

---

[1]　V. 鲁宾、K. 福特和 J. 鲁宾，《14.0≤*M*≤15.0的ScI型星系径向速度的奇异分布》(*A Curious Distribution of Radial Velocities of ScI Galaxies with 14.0≤M≤15.0*)，《天体物理学杂志快报》(*Astrophysical Journal Letters*)，1973年，第183卷，L111)。——原注

数据很可能还不够好，但作为第一步来说，这是有意思的想法。"这温和的鼓励使她"多少不那么感觉一败涂地了"，而给她这句鼓励的不是别人，正是马丁·史瓦西（1912 — 1997）。他是一位星系动力学专家，也是计算天体物理学的先驱之一，曾参加过曼哈顿计划[1]。我们在第3章曾短暂邂逅过他的父亲卡尔·史瓦西，即爱因斯坦方程对应于黑洞的数学解答的发现者。

虽然鲁宾将她的论文标题更改为比较朴实的"全星系的旋转"，但《天体物理学杂志》和《天文学杂志》（*Astronomical Journal*）都拒绝了这篇稿件。她回忆道，她的研究工作所遭受的反对部分是由于天文学家们相信星系内部大尺度运动的概念是相当荒谬的。这样的内部运动很难与宇宙的整体膨胀取得一致。她并未因此气馁，而是来到乔治城大学，在大爆炸模型的创始人之一乔治·伽莫夫的指导下继续她的研究生学习。鲁宾放弃了对这些大尺度运动和旋转的研究，部分原因是这主要是观测工作。她当时已有两个年幼的孩子，而要承担这样一项强度很大的项目，需要频繁造访那些遍布各处的望远镜，她认为这是行不通的。此外，在她的硕士论文研究工作招致争议以后她知道自己并不喜欢处于风暴中心。因此，她决定转向一个完全不同的方向，尽力去理解天空中的星系分布是否存在着某些规则性。

---

[1] 戴维·德沃金1996年5月9日对维拉·鲁宾博士的访谈，马里兰州州立大学学院公园校区，美国物理学会尼尔斯·玻尔图书馆及档案馆。理查德·帕内克在《4%的宇宙：暗物质、暗能量，以及发现其余现实的竞速》一书第25~53页详细描述了鲁宾的研究和贡献。另请参见艾伦·莱特曼和罗伯塔·鲍尔所著的《起源：现代宇宙学家们的生活和世界》（*Origins: The Lives and Worlds of Modern Cosmologists*, Cambridge, MA: Harvard University Press, 1990）一书第291页。——原注

当完成博士学业后进入卡内基研究所工作时，鲁宾再次着眼于星系中的恒星运动。她与同事肯特·福特合作。福特那时已建造出一台无可匹敌的仪器，即当时可使用的最灵敏的摄谱仪。他们利用这台仪器来研究源自旋涡星系的许多不同部分的星光。他们考察这些星系致密中心处和较稀疏外缘处的星光。构成旋涡星系盘的那些恒星绕着中心沿圆形轨道旋转。假如星系盘即使只是相对于我们稍稍倾斜，那么其中的恒星看起来就会像是沿着一侧靠近我们而沿着另一侧远离我们。正如前文描述过的，当一个光源向我们靠近时，我们会看到其波长减小，从而使其向可见光谱的蓝端移动。同样，看起来在远离我们而去的那些恒星发出的光的波长会向光谱的红端移动。

光波（或声波）波长的这种移动，即多普勒效应，是由于光源（或声源）相对于观测者发生相对运动而引起的。鲁宾和福特测量了数个旋涡星系从盘的一侧到另一侧的多普勒频移，并利用这些数据计算出这些星系内部不同位置处恒星的轨道速率。他们画出了恒星速率相对于它们到星系中心距离的图线。这令人想起哈勃的星系运动相对于它们到地球距离的图线，只不过鲁宾和福特主要关注的是由于引力支配而被限制在各个星系内部的那些恒星的运动。

他们看到的结果是最为奇异、最出乎意料的。为了理解是什么如此奇异，让我们首先来关注距离我们更近的行星绕太阳的运动。在由太阳引力主宰的太阳系中，内侧行星在其轨道上运行的速度比外侧的那些行星要快。一颗行星距离太阳（太阳系中最集中的质量）越远，它的运动就越慢，因而完整转动一周所花的时间明显更长。

这是由于太阳施加的引力随着距离增大而减弱，因此外侧行星受到的向内的拉力就急剧减小。例如，到太阳两倍距离处的引力就减弱为1/4。完整转动一周所需时间增长，是由于运动速度较为缓慢，而不仅仅是由于轨道的长度。例如，水星绕太阳一周所需时间是88个地球日，土星完成一周完整转动要花22年时间，而冥王星则需要近250年时间。鲁宾和福特在查看旋涡星系中的类似关系时，发现了截然相反的情况：在越远离所在星系中心的地方，恒星的速率似乎要快得多。它们似乎还在达到一个峰值后就保持恒定不变了。这是一项极端奇怪的发现，与我们在假设引力只由所有可见恒星提供的情况下应用牛顿定律所预期的结果相悖。鲁宾和福特在他们观测的所有旋涡星系中都发现了这种趋势。只有一种似乎合理的解释：在星系的外缘存在着大量的不可见质量，这些质量不发光，因此它们不属于由观测到的星光推断出的总引力来源的组成部分。就本质而言，似乎有某种神秘的成分在维持着恒星在星系的外侧边缘仍然以相同的速率运动。对于这种解释，质光比的值又一次成为关键。正如我们先前曾提出的，这个数取决于哈勃常数的值，而凭借着越来越多的数据和越来越精确的测量，哈勃常数的值自从兹威基最初假定"黑暗物质"以来已经得到了修正。不过，这种更新仍然没有缓解对暗物质的需求。它最终看来是挥之不去了。

1975年，莫顿·罗伯茨和罗伯特·怀特赫斯特扩展了鲁宾和福特的工作，测量了星系外部（恒星在这些区域稀疏得多）的气体速率。他们探查了可见恒星所在区域以外的距离和速率之间的关系，发现速率仍然保持恒定不变，因而在星系外缘可能有不可见质量的效应

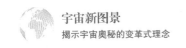

仍然存在[1]。这些需要大量不可见质量才能说得通的发现，在大大小小的会议上受到质问和怀疑。

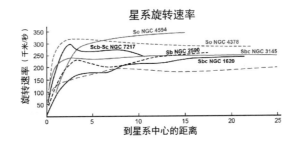

基于鲁宾、福特和索恩纳德的论文《高光度旋涡星系的延展旋转曲线IV：Sa→Sc型星系的系统动力学性质》（*Extended Rotation Curves of High-Luminosity Spiral Galaxies. IV. Systematic Dynamical Properties Sa→Sc*）所做的星系中的恒星旋转曲线。《致编辑的信》栏目，《天体物理学杂志》，1978年11月，第225卷，L109，图3。

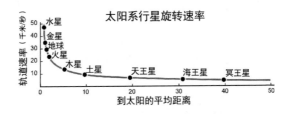

本图及上图提供的证据说明，我们需要额外的引力物质（暗物质）来解释在星系中观测到的运动。

---

[1] M. S. 罗伯茨和R. N. 怀特赫斯特，《M31距星系中心较大距离处的旋转曲线及几何结构》（*The Rotation Curve and Geometry of M31 at Large Galactocentric Distances*），刊于《天体物理学杂志》，1975年，第201卷，第327~346页。——原注

天文学家之间的激烈争论随之而来，其中许多讨论与不可见的暗物质在这些星系中如何分布有关。尽管鲁宾和福特与罗伯茨和怀特赫斯特之间就不可见物质的存在达成了共识，但他们仍然需要与兹威基和史密斯早先对星系团中暗物质的研究，或者卡恩和沃尔彻声称在银河系和仙女座星系中存在暗物质的研究挂上钩。最终将不同物理尺度上的观测联合起来的催化剂却不经意地从理论中出现了。

1973 年，普林斯顿大学的两位年轻理论学家耶利米·欧斯垂克和詹姆斯·皮伯斯正在研究一个关于星系及其恒星盘稳定性的理论问题，他们提出暗物质可能有助于保持星系停泊在原位。有一件有趣的事情值得注意，就是这篇论文没有提及任何观测工作，确实来自独立理论计算的结果，其结论是"银河系和其他旋涡星系在已观测到的盘以外的质量有可能极为巨大"。[1]

翌年，欧斯垂克、皮伯斯和阿莫斯·亚希勒发表了一篇关于星系中从中心向外的物质分布的论文。这篇论文令天文学界的大多数人相信，这些缺失的质量是真实的，更重要的是它们还对于所有星系聚合在一起发挥了关键的作用。他们的研究显示，这种现在被称为球形晕的不可见物质的延展分布将恒星紧紧地控制在它们的星系之中。欧斯垂克、皮伯斯和亚希勒的结论是，在银河系和其他旋涡星系的外缘存在着相当大的质量。一开始几乎没有人接受这种无处不在的暗物质的概念，还有些诋毁者争辩说，星系也可能通过其他方式保持稳定，也许以"核球"的形式，即大量恒星集中在内部区域。

---

[1] J. 欧斯垂克和J. P. E. 皮伯斯，《扁平星系稳定性的数值研究：或者说冷星系可能存在吗？》（*A Numerical Study of the Stability of Flattened Galaxies: or, Can Cold Galaxies Survive?*），《天体物理学杂志》，1973年，第186卷，第467页。——原注

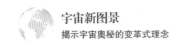

他们主张，这个核球产生的引力足以使星系聚合在一起，而且事实上暗物质晕的存在会抑制星系中漩涡结构的形成[1]。如今，观测证据强有力地支持欧斯垂克、皮伯斯和阿莫斯·亚希勒的结论，即这些不可见的物质不仅延伸到星系的外部区域，而且在宇宙中的所有地方都不容小觑。

天文学家们花费了不少时间才理解，这些在解释星系中的运动时所需要的缺失质量正是在解释星系团中的星系运动和它们造成的光线偏折时所需要的缺失物质。1961 年，亚美尼亚埃里温天文台的维克托·安巴楚勉首先提出，在这些物理尺度之间存在着一种联系，即兹威基从星系团中推断出的不可见物质和旋涡星系中的不可见物质很有可能是同一种。这种理念将两个尺度上的令人迷惑的观测结果结合在一起，但人们对此却迟迟不能接受。事实上，第一次完全致力于暗物质的会议直到 1975 年 1 月才在爱沙尼亚首都塔林召开。不过，在这次会议上展开了许多热烈的辩论，而论题不是讨论暗物质是否具有强有力的观测事实，更主要的是关于可能的暗物质候选者，包括好几种看似有理的可能性，比如电离的气体、昏暗的恒星，以及像中子星和黑洞那样的坍缩天体。最后讨论围绕的中心是可能既构成星系也构成星系团中的暗物质的候选者。除了这些明显的候选者（它们不产生光，像黑洞一样）之外，与会者们还探究了一种

---

[1]　J. 欧斯垂克、J. P. E. 皮伯斯和A. 亚希勒，《星系的大小和质量以及宇宙的质量》（*The Size and Mass of Galaxies, and the Mass of the Universe*），《天体物理杂志快报》，1974年，第193卷，L1；以及阿格里斯·J.卡尔纳斯，《晕和盘的稳定性》（*Halos and Disk Stability*），发表于J. 科尔门迪和G. R. 克纳普主编的《宇宙中的暗物质：第117界国际天文联合会研讨会论文集》（*Dark Matter in the Universe: Proceedings of 117th Symposium of the International Astronomical Union*, Boston: Kluwer Academic, 1987），第289~299页。——原注

更为奇异的提议：也许这些不可见的物质是由一些从本质上不同于普通物质成分的粒子构成的。星系和星系团中的暗物质问题完全是同一回事，而且是真实的。这种概念到 20 世纪 70 年代末一经接受，人们就开始清晰地明白了暗物质可能在每种星系以及整个宇宙中都发挥着重大作用。质量在宇宙如何聚合和汇集起来，从而形成一些我们看得见的像星系这样的结构？对此过程的理论计算表明，暗物质粒子是冷的，也就是说它们的运动是缓慢的、相当不活跃的。于是我们开始将这种不可见的、迟缓的却又无处不在的成分确认为冷暗物质[1]。

乔治·布鲁门塔尔、桑德拉·法贝尔、乔尔·普里麦克和马丁·里斯 1984 年在《自然》（Nature）杂志上发表了一篇论文，其中为冷暗物质主导宇宙中的星系和星系团形成的过程制定了框架。大约与此同时，X 射线研究的结果清晰地表明，椭圆星系也有缺失的质量。这些日益增长的经验证据与早期数值模拟很好地契合了。而在这些数值模拟中，暗物质似乎驱动着所有宇宙结构（旋涡星系、椭圆星系和星系团）的形成。不过，研究者们虽然知道暗物质能够做什么，但对于暗物质是什么却毫无头绪。他们考虑过多种多样的候选者，其范围从黑洞、褐矮星（没能点燃的恒星，因此它们有质量，但不产生光）和白矮星到致密天体直至气体，甚至连中微子这种几乎与大部分物质都不发生相互作用的幽灵般的粒子也加入了这一角

---

[1]　弗吉尼亚·特林布，《星系中的暗物质之史》（*History of Dark Matter in Galaxies*），刊于泰瑞·D. 奥斯瓦尔德主编的《行星、恒星和恒星系统》（*Planets, Stars and Stellar Systems*）第5卷；以及盖瑞·吉尔莫主编的《星系结构与星族》（*Galactic Structure and Stellar Populations*, New York: Springer, 2013）第1091~1118页。——原注

色的海选。然而在 1983 年，设计用于测试中微子是否可能作为暗物质候选者的计算机模拟没能再现出宇宙中那些星系的观测性质。一个接一个，大多数暗物质候选者都接受了测试，并最终被抛弃。有几种可行的候选者得以幸存下来，保持了竞争者的地位，不过暗物质粒子曾经是而且现在仍然是不可捉摸的。鲁宾在 1983 年为《科学》（*Science*）杂志撰写的一篇综述文章中追忆了她研究旋涡星系旋转曲线的工作，她说道："天文学家们认识到他们研究的是只占宇宙 5%～10% 的发光部分后，就可以饶有兴味地来执行他们的任务了。"[1] 因此，暗物质确实是由不同于普通物质的奇异材料构成的，不然的话，天文学家们就必须去质疑牛顿的运动定律了。牛顿定律适用于单个星系的这一坚定信念，为暗物质假设，因而也为暗物质能够在宇宙中发挥一种更为全面的作用留下了余地。不过，假如天文学家们对牛顿提出了挑战，情况又会如何呢？假如他们对于暗物质的情况只是说经典引力定律不必在大的宇宙距离上也适用，情况又会如何？毕竟，有一个先例明摆着：在涉及引力的本质问题时，爱因斯坦就打倒了牛顿。

要抛弃整个理论，通常并非易事。不符合现存范式的新观测多半会导致对当前已被接受的世界观进行修改，而不会导致一种全新

[1] 乔治·R.布鲁门塔尔、S. M. 法贝尔、乔尔·R.普里麦克和马丁·J.里斯，《冷暗物质形成的星系与大尺度结构》（*Formation of Galaxies and Large-Scale Structure with Cold Dark Matter*），刊于《自然》杂志，1983年，第274卷，第517页；S. D. M. 怀特、C. S. 弗兰克和M. 戴维斯，《中微子主导宇宙中的成团》（*Clustering in a Neutrino-Dominated Universe*），刊于《天体物理学杂志快报》，1983年，第274卷，L1；维拉·鲁宾，《旋涡星系的旋转》（*The Rotation of Spiral Galaxies*），刊于《科学》杂志，1983年6月24日，第220卷，第1344页。——原注

的世界观。正如科学史学家、科学哲学家托马斯·库恩在《科学革命的结构》一书中所指出的，这才是"常规科学"的进程[1]。

例如，我们来考虑威廉·赫歇尔爵士的例子。这位英国天文学家利用一架他自己制造的望远镜，在 1781 年 3 月 13 日发现了天王星。他以自己之所见将太阳系的已知边界外推至那些经典行星之外的范围。到 1846 年，天王星几乎完成了自从赫歇尔首次发现它以来的一次完整轨道运动。天文学家们通过追踪其轨道，发现了牛顿引力理论中无法解释的一些差异。这指向了一种可能性：要么牛顿是错误的，要么他的那些运动定律需要修正。法国天文学家奥本·勒维耶从这些观测到的异常现象入手，提出有一颗尚未探测到的行星潜伏在比天王星更远的地方，影响着天王星的运动，并且他由此计算出这样的一颗行星应该位于何方。1846 年 9 月 23 日，当约翰·格弗里恩·伽勒和海因里希·德亚瑞司特探测到海王星时，他的预言得到了证实。英国天文学家约翰·库奇·亚当斯也紧跟其后，并做出了独立预言。不过，勒维耶在这场你追我赶的竞赛中胜出，他率先报告探测到了海王星。牛顿定律仍然毫发无损[2]。

然而，水星似乎也偏离了牛顿理论。基于勒维耶先前曾取得过成功，因此他提出也许还有另一颗隐藏的行星在导致这种奇异的轨道运动。长久而不成功的搜寻甚至导致有人虚报发现了这样一颗不

---

[1]　托马斯·库恩，《科学革命的结构》（*The Structure of Scientific Revolutions*，Chicago: University of Chicago Press, 1962）。——原注

[2]　理查德·福尔摩斯，《奇迹的时代：浪漫的一代如何发现科学的美丽与恐怖》（*The Age of Wonder: How the Romantic Generation Discovered the Beauty and Terror of Science*，New York: Vintage, 2010），第60~125页。——原注

可见的行星，并称之为祝融星[1]，但祝融星并不存在。最终，在这个案例中确实是牛顿定律需要彻底革新。在 1916 年的一篇题为《广义相对论的基础》的论文中，爱因斯坦用他的新理论正确预言了水星轨道中存在的进动[2]。正如我们在前两章中看到的，他发表于 1915 年和 1916 年的广义相对论取代了牛顿的引力理论。

正如牛顿与爱因斯坦的例子那样，有时观测与一种现存理论不符合时，这些观测就预兆了一种全新理论的出现，但更常见的是这些观测只是表明在已经建立的模型中存在着一个被忽略的或不完备的细节。如今绝大多数天文学家都相信暗物质的存在，这是因为尽管我们尚未探测到与之相关的粒子，但对于星系运动和星系团导致光线弯折的那些天文观测给出了势不可挡的证据。人们相信暗物质的理由是来自许多间接证据的独立渠道给出了确实的佐证。此外，对星系和星系团聚合过程的模拟结果表明，暗物质构成的网络遍布我们的宇宙，并且在这些网络细丝的交叉处形成了星系。

另一方面，对于暗物质理念的抗拒则导致了一小群物理学家去质疑那些基本的引力定律。阿里戈·芬奇在 1963 年发表在《皇家天文学会月刊》上的一篇论文中提出了这种可能性。他重新考虑了兹威基对星系团中星系运动的观测数据，并试图通过假设一种新的引力理论来解释它们。这种理论隐含着在距离越大处引力越强，而不是像牛顿定律中预言的距离越大处拉力越弱。他通过这种做法摒除了不可见物质：“假如有人接受这篇论文中提出的这些理念，那么

---

[1]　Vulcan，罗马神话中的火神，维纳斯的丈夫。——译注
[2]　A. 爱因斯坦，《广义相对论的基础》（*The Foundation of the General Theory of Relativity*），刊于《物理学年鉴》，1916 年，第769~822页。——原注

他就没有任何特别强的理由去猜测很大量不可见物质的存在。"他的结论是，正在迅速积累起来的数据也许会在不久的将来解决这个问题[1]。

芬奇所建议的修改需要我们理解牛顿引力是如何起作用的。根据牛顿的理论，引力的强度随着距离而减小。物质彼此之间的距离越远，它们的相互吸引力就越弱。这一定律形式在我们地球上的日常体验中成立得很好，在用爱因斯坦的广义相对论稍加修正后，似乎在太阳系内部也成立。然而，如果我们去往更远的宇宙深处呢？

物理学家雅各布·贝肯斯坦和莫德采·米尔格若姆从芬奇的这篇论文中得到灵感。他们的疑惑是，在宇宙尺度上，即在由引力导致的加速度非常小的区域之中，引力是否可能有所不同？他们提出了一种在此类情况下修改引力定律的理论，称之为"修正的牛顿动力学"（Modification of Newtonian Dynamics，MOND）[2]。

尽管存在大量暗物质的证据确凿无疑，而且还在不断增加，但由于暗物质粒子仍然缺失，因此它完全依赖于我们对于数据的解释。根据 MOND 理论，当由于引力而产生的加速度减小到某一特定值以下时，引力强度的减小就不再那么快速了。与此相反，它开始增大。在恒星绕着星系沿轨道运行的例子中，加速度与到星系中心的距离

[1]　阿里戈·芬奇，《论长距离上牛顿定律的有效性》（*On the Validity of Newton's Law at a Long Distance*），在与 F. A. E. 皮拉尼交流的过程中获悉，刊于《皇家天文学会月刊》，1963年，第127卷，第21~30页。——原注
[2]　雅各布·贝肯斯坦和莫德采·米尔格若姆，《缺失质量问题标志着牛顿引力的崩溃吗？》（*Does the Missing Mass Problem Signal the Breakdown of Newtonian Gravity?*），刊于《天体物理学杂志》，1984年，第286卷，第7~14页；米尔格若姆，《暗物质真的存在吗？》（*Does Dark Matter Really Exist?*），刊于《科学美国人》（*Scientific American*），2002年8月，第42页。——原注

是相关的，因此引力被修正，在远离星系中心处，它比牛顿理论值要更强。其净效应是处于星系外缘的恒星绕着中心沿轨道运行的速率与较近处的恒星相同，而这正是观测到的现象。从观测上来说，MOND 成功地解释了恒星在星系中的运动（对于昏暗的星系这类天体的解释最为成功），不过它没能解释星系团，那是最早出现需要用暗物质来给出解释的地方。

MOND 壮烈牺牲的唯一战场在于解释由星系团产生的已经得到观测和证实的光线偏折效应。即使修改了牛顿定律，爱因斯坦的广义相对论也仍然需要遵循，这是因为我们观测到了引力透镜现象。根据广义相对论，要使空间发生弯曲并影响光线的路径就需要质量。为了解释星系团中观测到的光线弯曲现象，我们需要大量不可见的物质，而这些物质是制造出深坑的原因。事实证明，MOND 也需要引入一种不可见的额外质量成分来解释引力透镜现象，因此有些研究者再次提出合理的理由，将那些微小的粒子——中微子作为星系团中的暗物质。这种障碍（即在不添加中微子的情况下无法与观测到的透镜数据相一致）削弱了 MOND 的说服力和吸引力。通过修改引力，它就不再需要星系中的暗物质了，但却无法通过解释消除对星系团中的暗物质的需要。冷暗物质理论仍然占据上风。来自哈勃空间望远镜的数据表明，星系和星系团造成的引力透镜现象在宇宙中并不罕见，并且目前的所有观测都与暗物质如何在宇宙中成团及弥漫的理论预言完全一致[1]。

---

[1]　让-保罗·克乃伯和普里亚姆瓦达·那塔拉印，《星系团透镜》（*Cluster Lenses*），刊于《天文学与天体物理学评论》（*Astronomy and Astrophysics Review*），2011年，第19卷，第47篇。——原注

　　冷暗物质理论所取得的所有辉煌成功是 MOND 不可能轻易复制的。MOND 的关键缺陷在于，它事实上并不是一种全面的理论，这是不同于诸如牛顿的或者爱因斯坦的理论的地方。它尚未为这种提议的引力修改提供任何基本的物理上的充分理由，其目标只是为了契合实验数据。是否存在着一种更深层次的、作为基础的理论，它可能为我们提供 MOND 所设想的那种引力修正？这一点仍然使人捉摸不透。假如确实存在着这样一种理论，那么就会需要它去解释当前的所有观测，充任暗物质的所有角色：构成宇宙的结构、使宇宙膨胀、使光线发生透镜效应，并且为了取代暗物质假设，它还需要做出一些可供检验的新预言。

　　任何新理论要取代一种旧理论，它就必须解释所有的现存数据，还必须做出额外的可供检验的预言，让我们可以从观测上验证它们。对于正面交锋的两种相互竞争的理论，它们都必须解释现存的数据并做出可供验证的预言。因此，尽管 MOND 还不是一种完全可行的替代理论，但它也许能为一种替代引力的理论提供一种初步认识。MOND 提供了一个正在发展的、活跃的研究领域，虽然只有少数天文学家在检验它，而且也几乎没有几位理论学家在研究如何完善其公式表述。尽管如此，MOND 与冷暗物质之间的争论仍然可能变得激烈。冷暗物质理论具有巨大的解释能力，不过也有一些缺口，即它没有与观测完美一致的实例。这一理论与观测之间绝无仅有的几种紧张局势出现在重子（即普通物质）与暗物质粒子近到挤在一起的时候，例如星系的最内部区域。在星系中心处，恒星紧凑在一起，重子的数量超过了暗物质粒子，此时冷暗物质模型就无法精确描述各种观测到的特征。在这些拥挤的宇宙角落里区分暗物质与普通原

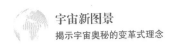

子的作用，对于观测和数值模拟一直都提出了挑战。

　　整个宇宙似乎都弥漫着暗物质，这是一个由独特的丝状结构所构成的宇宙网络。这些丝状结构甚至渗透到星系之间的空间。我们现在拥有了通过引力透镜观测得到的暗物质精确分布图，其中最近期的、具有最高翔实度的几幅是由我的研究团队制作的，采用的是哈勃前沿视场计划项目的星系团透镜数据。这些分布图揭示出，在距离我们 50 亿光年以外的星系团内部，那些很小的矮星系周围存在着看起来像是暗物质晕的东西。光线弯折还使我们能够量化与宇宙中最小的那些星系团成员星系相联系的暗物质的存在，而且在宇宙中的各种不同尺度上似乎都存在着暗物质。尽管如此，我们仍然值得提出这样一个问题：是否引力的性质在各种宇宙尺度上都保持不变？又为何是这样？最有帮助的当然是找到假定的暗物质粒子，这正是犯罪现场消失的尸体。就需要考虑的候选者而言，我们的探究囊括了全部范围，从普通物质（行星、昏暗的恒星和黑洞）到那些奇异的天体。宇宙学家们将普通物质候选者统称为晕族大质量致密天体（Massive Compact Halo Objects，MACHO）。如今理论已经告诉我们，假如暗物质与普通的原子和粒子没有任何区别的话，那么我们周围的物质是完全不能满足需要的。我们可以计算出大爆炸时创造出了多少普通原子，而对大爆炸遗留下的辐射进行观测的结果也证实了这种估计。考虑宇宙的质量预算值后明显可知，我们需要某种奇异的、在早期宇宙中创生的粒子，用这种与普通物质截然不同的粒子来解释所有根据推测得知的暗物质。当然，这样的粒子根据定义是很难探测到的——相当惰性，而且几乎不与正常 / 普通物质发生相互作用。这些大质量弱相互作用粒子（Weakly Interacting

Massive Particles，WIMP）会轻易地径直穿过你。目前有许多正在进行的实验旨在直接探测暗物质粒子，即游荡在地球附近的那些WIMP。不过迄今为止，这种神秘的、无所不在的粒子还逍遥法外[1]。

揭示暗物质在宇宙中的作用标志着宇宙学新篇章的开始。科学实践在过去的 60 年中逐渐发生了演化——要求团队协作和大量新工具。如今，具有超级图形功能的强大计算机使我们能够追踪宇宙的演化并实现其可视化，从而能与天文学观测进行直接的比较。我们作为宇宙学家的关键局限性之一源自这样一个事实：与其他科学家不同，我们无法做受控实验。我们探测到的就是我们所能得到的一切！宇宙学最初是一门推测性的学科，如今因为数值模拟已成为实验的详尽替代品而成了一门受到尊重的学科。到 20 世纪 80 年代，宇宙学已有了 3 种探究模式，这 3 种相互独立的研究途径对于产生新知识和检验新理念都是至关重要的。它们是理论、观测和数值模拟。随着技术和计算能力的迅速发展，我们现在能够进行高分辨率的宇宙学模拟，这些模拟已经超越了它们最初用来证实观测的作用，并开始推动科学奔向确定其前沿的那些问题。这一地位转换发生在数值模拟变得具有衍生性的时候，它为创造新知识提供了一套强大的新方法，而不再仅仅是一种检验理念的有限工具。如今这些模拟提供了深刻理解天文学过程的机会，这些过程不仅极其复杂，而且联合在一起运转，其联动程度是用简单的纸笔计算所无法预测的。

---

[1]　"macho"和"wimp"这两个英文单词的意思分别是"男子汉"和"懦弱者"。——译注

"千禧模拟"中的一片宇宙。这里显示的是错综复杂的暗物质网络，宇
宙中所有观测到的星系都是从这里形成的。（图片由沃尔克·斯普林吉
和室女座联盟项目提供。）

接受暗物质理念，这段故事完全不同于我们在前几章中探究过
的另外两种变革性理念膨胀宇宙和黑洞所经历的过程。首先，暗物
质的最初提出完全是由经验驱动的，而用于解释它的理论框架则是
事后才建立起来的。其次，仪器及计算机硬件和软件的开发，对于
发现暗物质在宇宙中所起的关键作用无疑是至关重要的。再次，这
一进程最显著的特点是，暗物质理念在最终被接受之前，曾多次被
发现、摒弃、再发现。鲁宾和福特艰苦工作，一个星系接着一个星
系地记录下这一大样本中的各恒星速率，再加上与此同时暗物质理
论也得到了发展，人们这才开始严肃地对待暗物质理念。正是理论
的这种汇合（宇宙结构形成的整个冷暗物质模型框架的发展）以及
各种观测结构才导致人们最终接受了暗物质理念。暗物质问题不仅
创造出一批新的专家骨干队伍——数值模拟专家，还加强和完善了

模型在宇宙学中的作用。当暗物质在宇宙中的重大作用得到公认时，模型在观测与理论之间充当一种强有力的中介这一概念就上升到了突出地位。当然，暗物质粒子的发现仍然是一个悬而未决的大问题。要找到尸体才能破案。我们坚信这种可感受到但不可见的物质是切实存在着的，与此同时继续寻觅这种神秘的粒子。

第5章 变化中的尺度：正在加速的宇宙

在 H. G. 威尔斯[1] 1911 年的小说《最早登上月球的人》（*The First Men in the Moon*）中，一位苦恼的伦敦商人阿诺德·贝德福德退居到乡村去写一部剧本，他希望以此改善自己每况愈下的经济状况。正如你可能从书名中就已经猜到的，贝德福德结果却退而求其次，踏上了一段去往月球的旅程。他的物理学家朋友约瑟夫·卡弗尔发明了一种叫作"反重力物质"的新材料，任何东西涂抹上这种物质后就能"使引力转向"，从而成就了这趟旅程的可能性。贝德福德和卡弗尔乘坐一个球形的、涂有反重力物质涂层的太空飞船成功登陆月球。不过，只有贝德福德安全返回家园，留下卡弗尔在月球表面遭受折磨，因为他成了被称为"塞勒涅特"[2] 的月球居民的俘虏。

---

[1] 赫伯特·乔治·威尔斯（1866—1946），英国小说家、记者、政治家，他创作的科幻小说中的时间旅行、外星人入侵等想法对该领域影响深远。——译注

[2] 这是根据希腊神话中月亮女神塞勒涅（Selene）的名字而命名的，"selenite"这个单词本身是"亚硝酸盐"或"月光石"的意思。——译注

　　威尔斯的故事突出了人类对于一条中心物理定律永恒的迷恋。不过，对抗引力的幻想在 20 世纪不再仅仅是科幻题材。罗杰·巴布森是一位曾就读于麻省理工学院的工程师兼企业家，他在 1948 年的短文《引力——我们的头号敌人》中透露了他希望克服引力的起因：他的妹妹在童年时溺水身亡的惨痛往事，以及他的孙子同样也因为溺水而离世的悲剧。他解释说："渐渐地，我发现'重力老人'不仅直接造成每年数百万人死亡，还有数百万意外事故……髋骨骨折和其他骨折，以及无数循环系统、肠道系统和其他内脏问题，都是由于人们在关键时刻没有能力抵抗重力的直接后果。"发明了一些新方法来对股市进行统计分析从而发家致富的巴布森在 1948 年建立了两个机构：一个是以他本人名字命名的商学院，如今被称为巴布森学院；另一个是重力研究基金会，旨在与他的"头号敌人"作斗争。当然，任何专注于对抗一种基本物理作用力的冒险都是注定要失败的。重力研究基金会在 20 世纪 60 年代随着巴布森的去世而关门停业，不过后来又重新改造为向真正的科学家提供年度奖金，奖励他们深入研究引力的前沿问题。这个基金会迄今已向许多杰出科学家授奖，其中包括史蒂芬·霍金[1]。

　　虽然巴布森的古怪想法即使对于科幻小说而言也过于异想天开了，然而却是一种对抗重力吸引的反作用力。与威尔斯的反重力物质最接近的东西事实上就是我们现在所谓的暗能量。这种于 1998 年发现的神秘作用力弥漫在整个宇宙之中，驱动着我们的宇宙加速膨

---

[1] 罗杰·巴布森，《引力——我们的头号敌人》（*Gravity—Our Enemy Number One*），转载于 H.柯林斯的《引力的阴影：寻找引力波》（*Gravity's Shadow: The Search for Gravitational Waves*, Chicago: University of Chicago Press, 2010），第828~829页。——原注

胀。如同暗物质一样，我们已测量出了它的种种效应，却无法确定它的基本性质。更伤脑筋的是，暗能量似乎是我们今日宇宙中的主要成分。自从 20 世纪 80 年代以来，表明其存在的证据已缓慢累积起来。不过，只有直接探测到了宇宙的加速度，以及发现埃德温·哈勃的那条定律产生了偏差，才最终证实暗能量的存在。

哈勃在 20 世纪 20 年代发现的证据为宇宙拔去了锚，接受那条定律已经是一次足够痛苦的经历。而事实证明这条新增的困难（宇宙的膨胀并不是在稳步进行，而是在急速狂奔）甚至更加令人感到无所适从。与本书所探讨的其他理念不同，暗能量缺乏一种解释性理论，而且我们似乎距离这一目标还很遥远。正如科学作家理查德·帕内克指出的，在物质和能量前加上暗这一形容词的这种做法"可能会作为语义学上最终的退让而载入史册。这不是由于遥远或不可见而'暗'，这也不是由于在黑洞中或外太空中而'暗'。这是由于目前未知而'暗'，而且可能会永远未知"。[1] 我们目前对它的理解只不过是一个占位符，而且我们是否有朝一日能够揭示暗能量的本质还需要拭目以待。

这并不是由于缺乏尝试：暗能量之谜甚至早在威尔斯虚构的月球登陆之前就开始了。神学家理查德·本特利在 1692 年就关于宇宙中的引力与平衡的本质这一基本难题向艾萨克·牛顿提出质疑：假如宇宙中充满了物质，并且物质之间通过引力彼此吸引，那么宇宙为什么没有走向坍缩呢？这个问题是当本特利准备在伦敦做第一组

---

[1]　理查德·帕内克，《4%的宇宙：暗物质、暗能量，以及发现其余现实的竞速》，第15章。此书对于超新星的搜寻和暗物质的发现给出了经过充分研究的叙述。——原注

罗伯特·波义耳演讲期间提出来的，这一邀请给他带来的荣誉很可能应归功于牛顿在政治上的周旋。如今以关于气体及其各项性质而出名的波义耳，当时是热情的信教者，并设立了一项捐赠用于宣扬宗教的演讲。本特利刻苦研究了牛顿的工作，并在忙于准备他的演讲期间向牛顿提出了这个问题。牛顿在回答这个问题时承认，他的这些论证要求"在一个无限大空间里的所有粒子都应该如此精确地平稳安置在彼此之间，以致能静止不动而构成完美的平衡状态。因为我估计实现这种状态的难度就好比不是将一根针立起来，而是将无限多根针（与无限空间中的粒子一样多）针尖朝下精确地立起来"。[1]

本特利在 1700 年成为剑桥大学三一学院的院长。他既傲慢自大又雄心勃勃，充满争议地占据了这一职位长达 30 年，学院的高级成员们奋起反抗他的专制独裁作风。不过，虽然经过数次尝试，但他们还是没能让他下台。牛顿得到了本特利的坚定支持。本特利当时还顺理成章地指导了《原理》第 2 版的出版，因为作为院长，当时剑桥大学出版社也在他的管辖范围之内。他们之间的友谊早在本特利领导三一学院之前就开始了。当时他为了利用引力理论来证明必定有一种神圣作用力设计了太阳系而向牛顿寻求指导。本特利正在寻找这只神圣的手存在的证据，以解释引力所必需的物体之间的物理相互作用。他对牛顿提出的问题也是一个深奥的物理问题。它直探问题的中心——牛顿 1687 年在《原理》第 1 版的一段简短陈述中支持的引力产生的超距作用原理。牛顿随后与本特利详细通信，这

---

[1]　爱德华·N.扎尔塔主编，《斯坦福哲学百科全书》（*The Stanford Encyclopedia of Philosophy*）中的"牛顿哲学"，作者为安德鲁·简尼亚克，最后修订时间为2014年5月6日，帕内克，《4%的宇宙：暗物质、暗能量、以及发现其余现实的竞速》，第60页。——原注

使得牛顿在 1713 年出版的第 2 版的正文中增加了一段新文字,即"总释",用一种更加详细的处理方法来取代原来的那段陈述。牛顿在此处借助于神圣作用力,并解释道:"于是那些由恒星所构成的系统就不会由于其引力的结果而彼此碰撞,[上帝]将它们放置在彼此相隔十分遥远的距离上。"牛顿求助于一种能使行星在太阳系中保持稳定的神力,这是因为他相信单凭概率是不会形成它们目前的构形的,也不会使这种构形在较长时间内稳定不变。他在回答本特利时断言:"引力必定是由于一种根据某些定律而恒常发生作用的中介力量引起的:不过这种中介力量是物质性的还是非物质性的,我把这个问题留给我的读者们去思考。"这当然是很有说服力的材料,本特利能够出于他为波义耳演讲所肩负的责任心,以此来为一种神圣秩序的存在提出辩护。不过,尽管凭借着上帝作为解释力,本特利的问题仍然悬而未决,这是由于在对引力的这种理解之中仍存在种种局限性[1]。

于是,假如物质需要神力影响才能维持一个稳定的宇宙而不发生坍缩,那么再来想象一下解释哈勃时期所揭示的膨胀宇宙带来的困难吧。如果宇宙是以恒定的速率在发生膨胀,那么哈勃发现的距

---

[1]　帕内克,《4%的宇宙:暗物质、暗能量、以及发现其余现实的竞速》,第60页;艾萨克·牛顿写给理查德·本特利的信,1692年1月25日,英国剑桥大学三一学院图书馆牛顿项目档案,编号为THEM00258, 189.R.4.47, fols. 7–8。出自《原理》的各种不同版本的"总释"的拉丁文本和英语译本可以在作为加拿大牛顿项目组成部分的网站上找到,另请参见牛顿的《自然哲学的数学原理》(*Philosophiae naturalis principia mathematica*, Cambridge: Cambridge University Press, 1687),以及《艾萨克·牛顿的自然哲学的数学原理第3版,1726年,包括异文读本》(*Isaac Newton's Philosophiae naturalis principia mathematica: The Third Edition, 1726, with Variant Readings*, ed. A. Koyré and I. B. Cohen, with the assistance of A. Whitman, Cambridge, MA: Harvard University Press, 1972)。——原注

离与速度之间的线性关系就应该在我们能够看见的范围内都保持成立。然而，在一个完全由物质构成的宇宙中，膨胀是永远不可能恒定的，这是因为物质会在某些区域堆积起来，从而导致其他区域没有足够的物质。这又会转而在质量聚合的区域驱动坍缩，而在被稀释的区域导致膨胀。在距离我们最遥远的地方，星系必定会偏离哈勃图中的那根直线。要确定宇宙的膨胀是否恒定，就需要在最遥远的距离范围内测量哈勃关系。为了描绘和探索哈勃和赫马森的哈勃图速度轴之外的范围，天文学家们可以再次使用从遥远星系的谱线中推断出的红移。此时的问题在于，哈勃是采用造父变星测距的，在无法辨认和追踪单个造父变星的距离以外，如何再能精确地测量距离？遥远的星系需要一种比邻近的造父变星即使不是更好也至少要更加可靠的标准烛光。

　　哈勃的同侪及竞争对手（因暗物质而成名的）弗里茨·兹威基做出了关键的发现，从而能够将哈勃定律推广到宇宙中最遥远的范围。兹威基辨认出宇宙中的一类新的明亮灯塔，它们的可观测范围超过了哈勃和赫马森所探测到的范围。1943 年，兹威基和沃尔特·巴德计算出，在某些特殊情况下，恒星的核会在经历一连串核反应后发生坍缩。詹姆斯·查德威克[1]在 10 年前发现了一种不带电的亚原子粒子——中子，这表明恒星内爆后会留下一个极端致密的、由中子构成的核。这会发生在恒星的所有外层都因内爆过程产生的激波而被猛烈地驱逐出去之后。这些留在核区的中子会被极端致密地压缩在一起。例如一汤匙中子星的质量就相当于 10 万亿千克！兹威基

---

[1]　詹姆斯·查德威克（1891—1974），英国物理学家，因于1932年发现中子而获1935年诺贝尔物理学奖。——译注

和巴德紧跟钱德拉的脚步，提出这些恒星的死亡喘息会极其明亮。他们为这些恒星臆造了"超新星"这个名字。兹威基在预言了大质量恒星的这种终极状态后，就开始从观测上搜寻这些极端明亮的超新星爆炸。他甚至还在帕洛玛山上定制设计了一架 457 毫米望远镜，用于搜寻这些宇宙灯塔。他最后确实发现了这些恒星死亡的终极产物，不过其进程艰难，计数增长缓慢。他对超新星的探索以及他的各项发现都登上了《纽约时报》，其中在 1942 年 9 月 27 日的《科学新闻评论》专栏中有这样一条："又一颗正在爆发的恒星出现在天空中。"在这之前，有一位英国业余天文学家曾无意中发现了第一颗得到确认的超新星，它是 1200 年前在武仙座中爆发的。1934 年 12 月 29 日，《科学新闻快报》（Science News Letter）报道，天文学家哈罗·沙普利说发现超新星也许是当代最重要的天文学事件。巴德注意到这些爆炸中产生的天体所具有的相似性，因此提出它们也许确实就是他在 1938 年发表的一篇论文中所指的标准烛光。他在那篇论文中还提出警告：也许要到很多年以后才会有更好的观察记录去真正确立它们[1]。

又一次，爱因斯坦在这场游戏中发挥了一定的作用。你也许已经注意到，过去 100 年中的几乎每一项宇宙学发展都有他出现在背景中——假如不是在舞台中心的话。于是，回忆一下他如何为了使宇宙保持稳定而对他的场方程组动手脚并将宇宙常数项 Λ 引入他的广义相对论，这个故事会对我们有所帮助。另外也请回忆一下，是哈勃发现的膨胀宇宙导致爱因斯坦的常数不正确，从而最终驱使他做出退让并接受了运动宇宙的概念。

---

[1] W. 巴德，《超新星的绝对照相星等》（The Absolute Photographic Magnitude of Supernovae），刊于《天体物理学杂志》，1938年，第88卷，第285~304页。——原注

事实证明，爱因斯坦用来修补方程组的那个宇宙常数项在当时是错误的，在现在看来却是惊人地正确——即使它所起的作用与爱因斯坦当初的意图大相径庭。在他的场方程组中，这一项代表的是一种与引力完美平衡的斥力，从而使宇宙保持稳态。然而爱因斯坦没能理解的是，以这种方式创造出来的宇宙学平衡是极其不稳定的。对于现状的任何微小偏离都会推动宇宙完全脱离这种完美平衡的状态。这很像我们踮起脚尖站着时的感觉。只要轻轻一推，就可能足以让我们摔倒。

不过对于宇宙而言，轻轻一推的结果就可能不仅仅意味着踉跄一下了。Λ 的值朝一个方向略有变化，就会导致宇宙快速进入膨胀状态——事实上是加速膨胀。同样，轻轻挤压一下，就会导致存在的一切都在顷刻间完全坍缩（这正是本特利很久以前想象到的）。虽然爱因斯坦似乎并未对这种脆弱不堪的平衡感到困扰，但亚瑟·爱丁顿却明白它的后果。

爱丁顿注意到维斯托·斯里弗的速度测量，并且甚至早在 1923 年就开始思考 Λ 的更深层意义。当哈勃正在开始理解膨胀宇宙的种种暗示时，爱丁顿认为这可能指向爱因斯坦的宇宙常数的一种更加微妙的作用。1932 年 9 月，在马萨诸塞州剑桥市举行的国际天文学联合会会议上所做的公众报告中，他不仅大力宣扬乔治·勒梅特关于宇宙从大爆炸开始膨胀的解答，还考虑了存在一个非零宇宙常数的可能性。爱丁顿将他在这一探索过程中的角色视为一位宇宙大侦探："我是一名侦探，正在搜寻罪犯——宇宙常数。我知道他存在，但是不知道他的外貌如何。例如，我不知道他是个小个子还是个大高个……第一步是要在犯罪现场寻找脚印。搜寻过程已经揭示出几

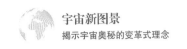

个脚印，或者看起来像脚印的东西——旋涡星云的退行。"[1]

与爱因斯坦不同，爱丁顿将 Λ 这一项视为解答而非问题，并且他预期这种力可能推动的加速度会超过哈勃测量到的膨胀。他设想假如哈勃图能够扩展到将距离大得多的星系数据也包括在内，那么这样一种效应很可能也会出现。请注意加速度是速度的变化率，因此为了辨识它，我们就需要在时间上回头看得更长，在宇宙中观察得更遥远。这在当时是很难从观测上做到的，因为当时唯一可用的宇宙标尺就是造父变星，而要测量宇宙中超越造父变星可见范围的距离非常具有挑战性。

正如我们在爱丁顿拒绝接受黑洞的过程中所看到的，他是一位易于对自己的理念注入感情投资的杰出科学家。即使当包括爱因斯坦在内的其余天文学界成员都最终完全相信了一个不需要 Λ 的膨胀宇宙理念时，他仍然不肯屈服。1932 年爱因斯坦与威廉·德西特在共同署名的一篇论文中放弃了 Λ 项，但仍然将这一问题留待以后重新检验。该文中注明："观测数据精确性的提高会使我们能够在未来判定它的符号并确定它的值。"[2] 不过，即使面对这种一致同意没有 Λ 的新情况，问题仍然存在。哈勃的发现证明，膨胀宇宙的速度在当时超过了引力的效应。但情况始终如此吗？在遥远的未来仍会是这样的吗？而在遥远的过去是否也真是这样的？

[1]　A. S. 爱丁顿，《相对论的数学理论》（*The Mathematical Theory of Relativity*, Cambridge: Cambridge University Press, 1923），第119~146及152~161页；爱丁顿，《膨胀宇宙》（*The Expanding Universe*, Cambridge: Cambridge University Press, 1933），第102页。——原注

[2]　A. 爱因斯坦与W. 德西特，《论宇宙膨胀及宇宙平均密度之间的联系》（*On the Relation Between the Expansion and the Mean Density of the Universe*），刊于《美国国家科学院论文集》（*Proceedings of the National Academy of Sciences*），1932年，第18卷，第213页。——原注

　　为了理解这些问题的答案，我们需要更仔细地来看一下爱因斯坦的场方程组。广义相对论所依托的基础是他对宇宙的形状、成分和命运如何相互关联的深刻理解。因此，他的场方程组精确编码了这三者的相互依赖性。这三者还预言了许多其他性质，其中包括宇宙的年龄。到 20 世纪 90 年代，天文学家们已测量了宇宙的成分，但核算结果与它的形状及年龄并不一致——这把他们完全难住了。广义相对论已经稳固确立，它的预言都已得到了观测证实，因此这三者的值不匹配就必定标志着存在完全不同的东西，也许是一种新的缺失成分，宇宙的形状与演化与它的成分产生了令人迷惑的不协调。从维拉·鲁宾和肯特·福特的那些发现开始，观测结果就清晰地表明了宇宙中的大部分材料（物质）都是奇异的暗物质。然而暗物质的量却不足以解释推断出的空间整体形状，而这种缺失就意味着宇宙的年龄比以前所认为的要年轻得多。我们银河系中最年老的那些恒星的产生时间似乎要早于宇宙，这显然是一个问题。

　　当提到空间的形状时，我的意思并不是指原本绷紧的时空结构中出现的局域性坑洞，而是在最大尺度上的宇宙的整体形状，在这些尺度上宇宙看起来或多或少是均匀的。尽管数据量在日益增长，其中包括 20 世纪 80 年代"宇宙背景探测器"卫星对宇宙微波背景辐射的测量值，但是对于宇宙的形状、年龄、成分和演化所取得的测量值之间似乎存在着一条恼人的鸿沟。缺乏这种引人入胜的一致性驱使天文学家们去以更高的精度测量这些量。等待人们发现的还有很多，而更加精确的测量是当时的当务之急。

　　我们知道，Λ 不能完全解决这种不一致，这是因为它不能以一种稳定的、可持续的方式来使宇宙保持稳态。（请记住，它使我们跻起脚尖站着——这是一个很容易跟跄跌倒的解答。）不过，假如我们免除宇宙常数，并坚守勒梅特的膨胀宇宙解，那么这种膨胀就可以完全描述为运动与引力之间争斗的结果，其中引力由宇宙平均密度确定。于是就可以将宇宙中所有成分的观测密度去与一个临界值进行比较，而这一临界值就是区分宇宙可能遭遇的几种命运的分界点。

宇宙中所有物质和能量的密度与临界密度之间的比值是一个纯数，用大写希腊字母 Ω 来表示。宇宙总的 Ω 是普通物质、暗物质、大爆炸遗留下的辐射能量以及宇宙常数项相比于临界密度的各比值之和。宇宙微波背景辐射现在对这笔预算的贡献可以忽略不计。因此，Ω 事实上归结为物质的贡献和 Λ 这一项的贡献。爱因斯坦方程组建立了宇宙的形状、成分与命运之间的独特联系，而它的 3 种可能的解则分别对应于 Ω 的 3 个不同的值。

首先，让我们来考虑一个简单的例子，其中比起无物质来说刚刚足以说是有物质了，即 Ω 远远小于 1。在这种情况下，宇宙会以一个恒定的速度一直急速膨胀下去，既不会减慢也不会加快，这是一个依靠惯性滑行的宇宙。在这一情景中，从大爆炸开始，哈勃定律对于宇宙中任何地方以及所有地方的每位观测者都成立。

假如与此相反，宇宙中有着相当可观的质量，比如说 Ω 的值基本上可以取小于临界点 1 但大于滑行宇宙时的任何值，那么它也会如前一种情况那样继续膨胀下去。这样的一个宇宙会逐渐被稀释，但是其膨胀过程会不断变慢。

这两种情景在理论上都是可能发生的。要确定哪种解最符合我们的宇宙，最明显的方法就是直接测量 Ω。通过一点一点地观察宇宙，我们发现为了测量 Ω 而估测宇宙物质密度的一种方法是将一片天空中的所有星系质量相加，然后除以它们所占据的体积，再将所得结果写成与临界密度的一个比值的形式。在 20 世纪 80 和 90 年代，当天文学家们利用来自许多星系巡天的数据进行这一计算时，他们发现宇宙的物质密度 Ω 大约等于 0.3。

不过，还有另一种途径来独立测量总 Ω。由于宇宙微波背景辐射(大爆炸遗留下的辐射)在今天到达我们之前颠簸穿越了整个宇宙，因此它携带着宇宙中所有成分的印记，从而也使我们能够估测这个总和。1990 年通过对 COBE 卫星探测到的宇宙微波背景辐射中的涨落进行测量给出了 Ω 等于 1 这一答案。难题就出现在这里：是什么占据了 Ω 中缺失的 0.7？Ω 中包括了所有物质(可见物质及暗物质)的贡献，而 0.3 这个测量值说明宇宙在持续不断地膨胀，其速度在略微减缓，即具有一个减速度[1]。天文学家们开始搜寻这种减速的迹象。

需要强调的重要一点是，Ω 的这两个相互矛盾的值意味着这里当真出现了某种严重的差错。我们生活在一个临界点以下的宇宙中吗？还是一个恰好处于临界点的宇宙？回忆一下爱丁顿的解答：只有一种万全之策能检验哪个测量值是正确的，即确定哈勃图在距离远得多的地方是否还成立。由于根据爱因斯坦的广义相对论，膨胀速度与宇宙的成分联系在一起，因此只要观测到膨胀速度随时间发生的变化，就会指出 Ω 的正确值。为了扩展哈勃图，天文学家需要新的、极其明亮的灯塔，因为勒维特的造父变星（我们的第一根宇宙标尺）实在太昏暗了。是时候去搜寻一种新的宇宙标准烛光了，一种直到宇宙的边缘都能看到的标准烛光。恒星爆发产生的超新星

[1] 关于所有可测量宇宙学参数的更全面论述，请参见马丁·里斯的《只需6个数：塑造宇宙的深层动力》（*Just Six Numbers: The Deep Forces That Shape the Universe*, New York: Basic Books, 2000），第6~7章。——原注

比造父变星明亮数十万倍，它们就是问题的答案。这些内禀亮度高得多的天体可以在非常遥远的距离上被探测到，并且由于光是以有限的速率前进的，因此看得更远就相当于回看到更长的时间以前。假如我们居住在一个 Ω 值很低的宇宙中，那么用超新星来进行探测也许会表明过去曾经出现过膨胀的减缓——一个减速度。

倘若要解决的唯一问题就是 Ω 是等于 0.3 还是等于 1，那么这就会是一个简单的核算问题——找到缺失的物质。然而，这里还存在着一点意想不到的转折。假如被爱因斯坦抛弃的宇宙学常数 Λ 不等于 0，那么它也会对 Ω 的估算有贡献。正如你很可能猜测到的，只要将 Λ 纳入混合物，我们就能一下子解决这两个 Ω 测量值不一致的问题了。

因此，尽管宇宙学常数有点儿恼人，但它也提供了一种可能的便利方法，使利用 COBE 卫星估测的 Ω 值与通过星系密度测量推断出的 Ω 值取得一致。如果宇宙学常数的值为 0.7，那么一切就都吻合了。然而，这又意味着宇宙会有一个稍微不同而更加奇异的命运。Ω 等于 1 的临界宇宙实际上是一种非常特别的情况。它对应着最大尺度上的平坦几何，时空中的所有凹陷都被熨平。至此，我们一直专注于讨论测量宇宙的成分，但独立测量其形状的尝试早在详细清点其质量预算的努力之前就开始了。天文学家们也可以利用标准烛光来测量宇宙的形状，确定它是平坦的还是弯曲的。哈勃的门生艾伦·桑德奇在 1961 年发表了一篇论文，其中列出的正是这样一项观测计划，通过探测当前的膨胀和预期的减缓率来测量宇宙的形状。这项计划的背景完全是一个没有宇宙学常数且质量密度低于 Ω 等于 1 这一临界值的宇宙模型。为了面面俱到，桑德奇提出，假如宇宙学常数不等于 0 的话，就会意味着宇宙是在加速膨胀而不是减速膨胀[1]。桑德奇在 1961 年的论文中以补充想法的形式提出了现实的这种奇异选项——加速或减速，而这一想法在接下去的 35 年中都无人问津。他当时一无所知的是，事实证明这将成为数项诺贝尔奖的要素。

超新星被证明是找到答案的关键所在，它们这时候作为潜在的宇宙学探测器被纳入天文学工具包。不过研究者们还需要更好地理解它们的详细物理性质，才能评估它们作为标准烛光的可行性。所有这一切都在 1985 年最终变得明朗起来，当时加州理工学院的观测者华莱士·萨金特和他以前的研究生、当时在伯克利做博士后研究的亚历克斯·菲利潘科注意到，在许多超新星的光谱中都存在着一些相似之处，由此提出它们是一个具有某些相当独特属性的类别。紧跟在 Ia 型超新星爆发之后，它们的视星等变化——光变曲线具有非同寻常的一致性，并且当这些超新星发光的亮度最大时，它们的光谱特征揭示出爆炸过程中产生了化学元素硅这一与众不同的特性。这正是将超新星确立为标准烛光所需要的。Ia 型超新星是极其明亮的天体，并且它们的光谱中具有一些"标准"相似点，因此可以用来窥视宇宙的更深处以及时间的更久远以前。

如同所有天体一样，超新星的表观亮度随着它们到我们的距离成平方反比关系下降。在邻近我们的宇宙中，由一颗超新星的光谱推断出其红移与其距离成正比（这是从哈勃定律得出的结论）。因此，假如我们用图线表示超新星亮度与红移的关系，并且假定超新星确实是标准烛光，那么这些数据就应该描绘出一条直线或落在一条直线周围。这个结论的前提假设当然是宇宙的膨胀速率不发生变

[1]　艾伦·桑德奇，《5080毫米望远镜对入选模型的区分能力》（*The Ability of the 200-Inch Telescope to Discriminate Between Selected World Models*），刊于《天体物理学杂志》，1961年，第133卷，第389页。——原注

化。不过正如我们早先看到的，在光线从超新星出发到达我们的传播时间里，膨胀速率有可能已经发生了变化。从本质上来说，假如宇宙的膨胀是在减速（正如对于没有宇宙学常数的、低 Ω 值宇宙所预期的那样），那么一颗遥远的超新星看起来就会比在匀速膨胀宇宙条件下更为明亮，这是因为距离估算会有所不同。同样，假如宇宙的膨胀是在加速（正如爱丁顿所提出的那样，由一个非零值的宇宙常数推动着），那么在同样红移处的超新星就会显得比在 Λ 等于零的宇宙中更为昏暗。所有这一切都取决于超新星是否真是标准烛光，也就是说它们是否全都具有相同的内禀光度。虽然天文学家们注意到了超新星爆发中的各种相似之处，但其中仍然存在着一点差异。为了用超新星来作为标尺或标准烛光，天文学家们就需要对它们的物理性质有更好的理解，并弄懂这些小差异会如何影响将它们用作标准光源。巧妙的解决之道是详细研究邻近超新星来校准这些差异，然后应用所得的任何修正去对那些遥远的同类超新星进行"标准化"，从而将哈勃图外推至可能的最远距离。

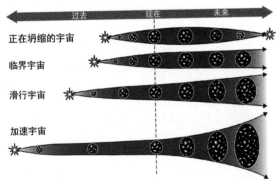

在各种不同宇宙学模型下的宇宙命运，其中明示了未来和过去的行为如何完全取决于宇宙学参数 Ω。

　　这就是当时该领域中的先锋人物罗伯特·科什纳带领他在哈佛大学的一组学生和博士后研究人员在 20 世纪 90 年代开始探索的想法。他是 1998 年发现暗能量的几个研究小组之一的成员[1]。科什纳是一位经验丰富的观测者，以谨慎而周密的研究方式闻名。他尽心尽力地指导亚当·里斯和布莱恩·施密特，我们在后文中会听到更多关于他们俩的事情。到 20 世纪 80 年代末 90 年代初，天文学家们已经清楚地知道，要解决宇宙逃离的问题，并调和宇宙的运动与其成分之间的关系，追踪超新星是最好的办法。不过，只有当它们能在很大的距离上被找到并经过仔细校准时，它们才是最适宜的测量标杆。来自美国东西海岸的两组独立的科学团队接受了这项挑战。

　　加州大学伯克利分校赢得了美国国家科学基金会的支持，得以建立起一些新的交叉学科研究中心，于是以该校为大本营的超新星宇宙学项目开始加入竞赛。伯克利的粒子天体物理中心提议，将物理学中思维方式具有天渊之别的两个学科——粒子物理学与天体物理学结合起来。这是真正的微观研究与真正的宏观研究的联盟。而对宇宙成分的研究则是该中心最主要的目标之一。另一个小组是高红移超新星搜寻团队。这个小组在哈佛 – 史密松天体物理中心拥有最多的人数，其成员主要由天文学家构成。他们都是有经验的观测者，从散布在全世界各处高海拔干燥地点的众多仪器和望远镜的使用经历中磨砺出了专业技能。随着大爆炸理论得到了宇宙微波背景辐射及其他数据的确证，20 世纪 80 年代末期，宇宙学上的一些悬而

---

[1]　关于科什纳发现暗能量的叙述，请参见他的《挥霍的宇宙：爆发的恒星、暗能量和加速的宇宙》（*The Extravagant Universe: Exploding Stars, Dark Energy and the Accelerating Cosmos*, Princeton: Princeton University Press, 2002），第158~262页。——原注

未决的问题主要围绕着对宇宙及其成分进行更为仔细的清算，以判定其命运。亚历山大·弗里德曼对爱因斯坦场方程组的解答允许出现3类动态解（其中没有任何一类对应静态宇宙），因此挑战就是要去弄清楚其中哪一种最符合我们对于宇宙的观测结果。宇宙中是否存在着足够的物质能够减缓并最终截停其膨胀，从而导致其达到一个最大尺寸，随后再开始收缩？在这样一个宇宙中，空间就会是无限的，并且其形状会像一个球的外面。还是说物质成分是否可能非常稀疏，以至于宇宙会继续永远膨胀下去而永不回头？即使是在这样一个宇宙中，空间也会是无限的，而其形状会像一个马鞍面。又或者，宇宙中包含的物质刚好足以减缓并最终令它停止膨胀吗？在这种宇宙中，空间仍然会是无限的，但它是平坦的。这种假设恰好的宇宙必须是完美平衡的。这3种选项常常被称为"大挤压"（Big Crunch，即物质太多）、"大冻结"（Big Chill，即物质不够）和"中庸宇宙"（Goldilocks Universe，即刚刚好）。

天文学家们只要测量一次宇宙膨胀的变化率，就能够确定哪种解答最恰当地描述了我们的宇宙，也因此经由它确定了宇宙的物质成分和形状。暗物质存在于星系之中且很可能也弥漫在星系之间的空间中，这件事在20世纪80年代之前变得明朗起来。随后，正如前文所讨论过的，从清算结果来看，物质似乎贡献了一个等于0.3的Ω。那么，宇宙常数Λ有可能等于0.7吗？解决问题的方法只有一个：获取更多数据，扩展哈勃图，并查看宇宙膨胀速率在过去是否发生过任何变化。

伯克利粒子天体物理中心在1988年获得了美国国家科学基金会的资金后，寻找超新星成为其最主要的日常研究项目之一。尽管该中心的首要关注点是暗物质，但其研究工作也包括确定宇宙中的完整物质储量。研究者们利用超新星作为标准烛光，探究了爱因斯坦方程组的哪种解能最好地描述宇宙的命运，是"大挤压"、"大冻结"还是"中庸宇宙"？超新星搜寻并不是什么新鲜事，这是从兹威基的时代开始延续下来的，不过，如果一个团队想要发现散布在宇宙中的一大批超新星，并在它们爆发且最明亮的时候捕捉到它们，那就显然需要有一个巧妙的观测策略了。从理论上计算出的超新星爆发率说明，我们可以预期在一个星系中每100年左右会有一颗超新星爆发。于是，见证大量超新星的唯一方法就是观察尽可能多的星系。伯克利团队的成员索尔·珀尔马特和卡尔·彭尼帕克并不是训练有素的天文学家，他们想象这个问题也许花费不了几年时间就能得以解决。他们的计划是利用20世纪70年代斯特灵·高露洁（牙膏产业继承人，也是一位丰富多彩的人物）在洛斯阿拉莫斯国家实验室开发的自动观测技术。高露洁是一位富有创造力的、卓越的核物理学家。20世纪70年代中期，他在新墨西哥州沙漠中建起了一架762毫米望远镜，并为它设定程序，每隔3~10秒观察一个不同的星系。用望远镜进行自动观测当时正在变成标准做法，但他首创了将自动重复观测与搜寻转瞬即逝的超新星相结合这种做法。天文学家在搜寻超新星时，需要将同一个星系相隔数个星期的图像作比较，看看是否有新的明亮闪光出现了。超新星的亮度惊人，以至于一颗超新星的亮度就可以远远超过整个星系。高露洁的策略很聪明，不过他的自动望远镜视场非常小，因此在追捕超新星的行动中没有取得引人注目的成功。

珀尔马特等人从高露洁的经历中提炼出的经验是，为了辨识超新星所需要搜索和扫描的天空面积必须得到极大扩展，以获得开展详细的后续工作所需要的足够的超新星数量。珀尔马特来到劳伦斯·伯克利国家实验室完成研究生学习后，又继续留下来做博士后研究。1986 年 5 月 17 日，伯克利团队（此时珀尔马特已加入该团队）找到了他们的第一颗超新星。当时的团队成员包括他、彭尼帕克、理查德·穆勒和数位学生。他们有点儿过于乐观地预言每年可探测到 100 颗超新星。而他们最初发现的那些超新星全都属于我们的本地宇宙，因此距离太近，不足以在可能显示出偏离哈勃定律的那些宇宙学尺度上给出任何说法。不过，这些都是基准超新星，它们会有助于定义及磨砺它们作为标准烛光的级别。前进的步伐缓慢，事实证明超新星很难捉摸，只在 1986 年和 1987 年又出现过两次。这个团队申请资金在澳大利亚的一架望远镜上装载了照相机以覆盖南天，希望通过扩大搜寻面积提高探测率。他们的强烈动机是要找到超新星以描绘宇宙的命运。由于超新星的亮度非常高，因此即使在由于距离遥远而明显变暗的情况下也能从很远处被看到，而且出于一种惊人的天大好运气，那真的是除了纯粹好运气以外别无其他，它们变亮和变暗的过程所发生的时标是很合理的几个星期，这使人们能够极为方便地密切注意和追踪它们的动向。这一意外发现的时限在宇宙中极为罕见，因为宇宙中的大部分物理学过程通常都要花费 100 万年左右！不过，超新星确实也有其复杂性，它们确实是"罕见"、"快速"和"随机"的[1]。

　　由于技术日益进步，望远镜的口径越来越大，探测器越来越大型、

---

[1]　　帕内克，《4%的宇宙：暗物质、暗能量，以及发现其余现实的竞速》，第71页。——原注

越来越灵敏，因此天文学家们不断在空间中向外推进，在时间上向后回溯。在搜寻超新星的过程中也是如此。当时的期望是要测量自大爆炸以来的宇宙膨胀并确定减速时期，人们相信宇宙的膨胀速率正在减缓，这是由于引力起到了一种宇宙学上的制动作用。因此，当1998年两个分析遥远超新星的独立研究小组分别发现下面的这个同一结果时，人们感到完全出乎意料并迷惑不解。他们发现宇宙的行为与预期的完全相悖：它不仅在膨胀，而且膨胀是在加速而不是减缓。

当大质量恒星爆发时，它们制造出一种不同类型的超新星——Ⅱ型，这类超新星不是标准烛光，因为正在爆发的恒星的各项特征完全决定了其亮度。制造出标准烛光（即Ⅰa型超新星）的恒星是很小的白矮星，它们被锁定在双星系统中，并从它们的伴星那里攫取气体。这类超新星的标准之处在于，它们具有相似的峰值亮度以及爆发后亮度升高到这一最大值再减弱的变化模式。需要周期性巡视同一片天空的原因是要在这些爆发最亮的时候捕捉到它们，随后还要追踪它们光线变暗的过程。要校准并利用这些超新星作为标准烛光，既需要光变曲线的形状，也需要峰值亮度。

令这项事业发生变革的技术是数字图像处理，这与兹威基在20世纪四五十年代以及高露洁在20世纪70年代所做的那些尝试截然不同。有了基于计算机的数字图像处理软件，就能够及时准备及快速比较那些一扫而过的大型夜空图像：筛选出那些正在闪光的超新星，储存数据，跟踪观测，并计算出光变曲线。这就使超新星宇宙学发生了彻底的变革。我们已经看到照相底片这种对夜空中发生的现象所做的永久记录如何影响了宇宙学，其中尤其是哈勃的工作。同样，正是这种新开发出来的精密工具——数字图像处理技术才最

终帮助我们将前沿推进到超越哈勃所抵达的范围。随着计算机的计算速度越来越快，从而能够处理越来越复杂的算法指令，实时处理天文学图像的专用软件也在突飞猛进。

到 20 世纪 90 年代初，这两个团队之间的竞争不断升温。他们都具有使用计算机和望远镜设施的竞争力。在伯克利，超新星宇宙学项目正式成立，并由珀尔马特领导。该项目的成功要归功于这样一个软件：将以几星期为时间间隔拍摄同一片天空所获得的图像相减，从而使计算机能够自动寻找超新星。到 20 世纪 90 年代中期，珀尔马特及其来自欧洲、南美洲和澳大利亚的合作者们寻找到了大批的超新星。由于在过去的约 10 年中寻找过程进行得十分缓慢，因此这一成功的新发现致使世界上最大的几台望远镜也立刻跟进上去。最后，超新星终于实现了作为标准光源的希望，随时可以用来作为有效的示距天体。超新星宇宙学项目和高红移超新星搜寻团队都拥有散布在全球各地的成员，从而使他们能特许地使用众多望远镜而快速地进行后续观测。高红移超新星搜寻团队于 1994 年正式组建，由澳大利亚斯特朗洛山和赛丁泉天文台的施密特领导。施密特非常符合澳大利亚人的典型性形象，他说话温和，有着一双闪亮的大眼睛，秉性随和。而关键团队成员里斯则是十足的美国人，性格热情。他们俩一起构成了强大和谐的二人组合。到 1993 年，事实已经很明显，Ia 型超新星的亮度发生变化，因此并不是非常完美的标准烛光。由于包括科什纳和菲利潘科在内的好几位高红移超新星搜寻团队成员都是超新星研究方面世界公认的专家，因此该团队专注于理解这些爆发的详细物理过程。当时这些微小的变化已经有了比较好的理解：事实证明，较亮的 Ia 型超新星爆发后变暗的速度要略慢于那些较暗

的 Ia 型超新星。主要在智利工作的天文学家马里奥·哈姆和当时还
是哈佛大学研究生的里斯同为高红移超新星搜寻团队的成员，他们
研究出如何利用通过测量 Ia 型超新星爆发后的发光强度升高和降低
而获得的光变曲线来校准它们以充当标准烛光。为此就需要估计超
新星爆发的星系中由于尘埃而导致的任何光线变暗。哈姆和里斯设
计出一种方法来校正此类遮光现象，从而精确测定超新星的最大亮
度。考虑到并去校正这种光线变暗的效应对于将超新星用作宇宙标
尺是至关重要的。

　　这两个团队都密切关注着几大片天空，每年观测数次：新月出
现之后，天空漆黑一片，于是可以得到最佳对比度。这些是基准图
像集。3 个星期之后，他们再回来重新拍摄这几部分天空的图像，然
后进行比较和对照，看看在此期间是否发生过任何超新星爆发。尽
管 Ia 型超新星并不是那么常见，但这两个团队都不屈不挠地致力于
用统计方法来攻克这个问题。他们都提高了检验的星系数量，每幅
图像中有数十万个星系。这一扫描率意味着典型的收获率是从每张
图片中可选出大约 10 个星系进行详细的跟踪观测。当然，候选者一
旦确定了，这两个团队就需要跟踪它们的亮度升高和降低过程，以
获得它们的光变曲线。这种进一步追踪需要给出分配给地面望远镜
的观测时间。此外还需要关键的光谱信息，目的是检查并确定这些
确实是 Ia 型超新星，确定它们的红移及以此确定它们的距离。求胜
心切、热情高昂地埋头撰写观测申请书——申请望远镜观测时间以
及安排观测者旅行、处理和分析他们的数据集，两个团队争斗得难
解难分。这很像是一条流水作业线，需要协作和团队通力合作。在
经过头一两年为追捕超新星所做的准备工作后，这两个团队的运转

都相当顺畅。

到了1997年，两个团队都有了足够多的超新星来绘制哈勃图，并对哈勃在1929年最初的那幅图进行扩展。不过，在这样做的过程中，他们发现了一些极为奇异和令人困惑的结果。他们在宣布的声明中保持谨慎，仅仅宣称他们似乎都有越来越多的证据表明宇宙中的物质含量很低。在这个时候，真正对这场比赛推波助澜的是来自哈勃空间望远镜的超新星数据。这架在太空中沿轨道运行的望远镜有着细腻的分辨率，这就意味着它对光的测量要比任何从地面采集到的数据精确得多，这是因为地球大气会使光线变得模糊不清。虽然天文学家们能够描述和校正这种模糊效应，但此类校正会增加测量过程的总误差。这里是对准确度和精密度的竞争，而要达到这两点就需要一丝不苟地刻画出一切误差来源。两个团队分析了他们取自哈勃太空望远镜的第一批数据后，立即发现他们的两组最初超新星数据点与它们早先的趋势并不在一条直线上。因此，他们耐心等待取得更多数据。而超新星宇宙学项目在获得了不多的几颗（事实上是6颗）超新星后，立即向《自然》杂志投送了他们的论文，那是在1997年10月的第一个星期。

这篇论文接下来就可以讨论宇宙学常数 Λ 了，但却在此打住。论文摘要中总结道："当这些新的测量值与以前对较邻近超新星的测量值结合在一起时，它们就表明我们可能生活在一个低物质密度的宇宙之中。"[1]高红移超新星搜寻团队在1997年10月13日公布了他

［1］ S. 珀尔马特、G. 奥尔德灵、M. 德拉·瓦勒、S. 德乌斯图亚、R. S. 埃利斯等，《发现宇宙一半年龄处的一次超新星爆发》（*Discovery of a Supernova Explosion at Half the Age of the Universe*），刊于《自然》杂志，1998年第391卷，第51页。——原注

们的独立研究结果，其中有他们的哈勃数据，并允许公开使用。超新星宇宙学项目将论文投递给《自然》杂志，就意味着要等到同行评审过程完成才能将他们的结果公开。高红移超新星搜寻团队勇敢地得出结论：单凭物质是不足以产生一个平坦宇宙的。最后，这两个团队对于他们的结论和关于宇宙命运的断言开始相互靠拢。看起来宇宙的膨胀很可能会永远持续下去。两个团队原本都急切地指望探测到宇宙的减速度，因此在发现实际上是加速度的时候，一开始都被难住了。在宣布他们各自的结论之前，两组人员各自都经过了大量内部讨论。美国天文学会邀请两队人马参加了同一次新闻发布会，他们可以在那里介绍和讨论他们的结果。在直至1997年底的几个月中，这两个合作组的成员都在全世界各地的学术座谈会和研讨会上作报告，暗示（有时直接提及）宇宙学常数 Λ 不为零的可能性。里斯和高红移超新星搜寻团队感觉到自己落后了，因为他们发现的超新星数量比较少，于是他们加大筹码，仔细地重新分析了他们的数据集。里斯在他的合作组中赢得了尘埃专家的名誉。他又添加了他在撰写学位论文的过程中为了开发他的光变曲线校准方法而找到的21颗邻近超新星，这些数据以前从未发表过。他利用这些超新星来锚定著名的哈勃图中的低红移部分，现在却发现该图趋向的解答不仅仅是一个没有物质的宇宙，而是一个负物质的宇宙！[1] 假如要与宇宙成分和形状的其他天文学探测（比如说宇宙微波背景辐射）

---

[1] A. G. 里斯、A. V. 菲利潘科、P. 查理斯、A.克洛齐亚、A.德尔克斯、P. M.加纳维奇、R. L. 吉利兰等，《加速宇宙和宇宙常数的超新星观测证据》（*Observational Evidence from Supernovae for an Accelerating Universe and a Cosmological Constant*），刊于《天文学杂志》，第116卷，1998年第3期，第1009~1038页。——原注

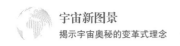

取得一致，就必须在 Ω 的混合物中加入别的什么东西，才能解释这种令人困惑的超新星结果。

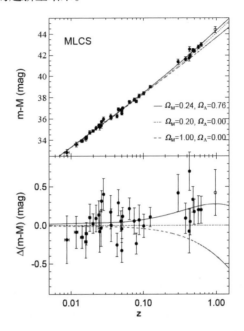

上图显示了用这种方法（里斯等人1995、1996a，本文附录）测得其距离的低红移和高红移Ia型超新星哈勃图。叠画的曲线是3种宇宙学：Ω_Λ=0的"低" Ω_M、"高" Ω_M以及平坦宇宙的最佳拟合 Ω_M=0.24, Ω_Λ=0.76。下图显示了数据与 Ω_M=0.20, Ω_Λ=0的模型之间的差异。空心符号是超新星SN 1997ck（红移z=0.97）的数据，这颗超新星缺乏光谱分类和颜色测量。数据与 Ω_M=0.20, Ω_Λ=0的模型预言之间的平均差异是0.25个星等。

用多波段光变曲线形状方法来校准的超新星哈勃图，发表在亚当·G. 里斯等的《加速宇宙和宇宙常数的超新星观测证据》（*Observational Evidence from Supernovae for an Accelerating Universe and a Cosmological Constant*），《天文学杂志》，第116卷，1998年第3期，第1022页。美国科学院授权复制。

这个结果令人惊恐，于是里斯开始与他的队友施密特一起彻查他的每一点分析，当时施密特正在用自己的程序代码进行一项独立计算。他们建立起互发电子邮件并随后核查结果的常规做法。最后，在 1998 年 1 月 8 日，就在美国天文学会的新闻发布会之前，施密特给里斯发电子邮件说："嗨，你好，Λ！"他们俩得到了同样的结果。他们正注视着爱因斯坦的那个声名狼藉的宇宙常数 Λ 的迹象，并且他们对这一结果所估计的置信度也相同，都是 99.7%。他们向高红移超新星搜寻团队的其余成员报告了此事，因为他们必须就如何及何时公开分享这些结论做出决定。考虑到非零宇宙常数这一发现的重大意义，有好几位团队成员都力求谨慎，并告诫说："新闻发布以及在《[天体物理] 快报》或《自然》杂志上接二连三地发表论文，也许会给公众或对这一主题只有一时兴趣的科学家们留下印象，但宇宙学中坚团体是不会接受这些结论的，除非……我们能真正捍卫它们。"施密特曾与里斯一起不辞辛劳地进行彻底、独立的分析，因此他深信此结果，并在一封电子邮件中试图消除合作组成员们的疑虑："虽然我对宇宙常数感到非常不舒服，但我也仍然不认为我们就应该压下这些结果，直到我们能找到一个理由来说明它们是错误的（这同样也不是做科学的正确方式）。"在此几年前还是超新星宇宙学项目成员的伯克利天文学家菲利潘科后来跳槽到了高红移超新星搜索团队。他补充道："这也许就是正确的答案，而我绝不愿意看到有其他团队在我们之前发表这一结果。"[1]

珀尔马特和他的超新星宇宙学项目团队当时也正在卖力地为新闻发布会做准备。两个团队就宇宙的这种最为奇特的命运取得了一

---

[1]　帕内克，《4%的宇宙：暗物质、暗能量，以及发现其余现实的竞速》，第158～159页。——原注

致的结果，而其驱动力显然来自一种极为神秘的动因——宇宙常数，媒体因此而沸腾了。由于超新星宇宙学项目的样本较大，因此一开始风头更甚。高红移超新星搜索团队只展示过 3 颗超新星。到 1998 年 1 月美国天文学会年会在华盛顿特区召开时，帕尔马特和他的团队试探性地说，他们也许正在看到非零宇宙常数存在的证据。这一常数源自被说成是爱因斯坦的大错以及他为了保持宇宙静态而做的修改。这个会与引力相互平衡的排斥项东山再起了。6 个星期之后，在洛杉矶召开的一次会议上，高红移超新星搜索团队在修正了由尘埃引起的一项重要不确定性后，也报告说发现了 Λ 存在的证据；并且他们还报告说，这正在导致宇宙加速膨胀。他们提出，总密度处于一个 Ω 等于 1 的完美平衡状态。宇宙微波背景辐射和其他一些宇宙学观测早先曾暗示过 Ω 等于 1。这一领悟最终使人们明白了，这个 Ω 包含普通物质、暗物质和宇宙常数。此后不久，在《科学》杂志上出现了一篇谈论"一种普遍存在的排斥力"的文章。该文的作者是科学作者詹姆斯·格兰兹，他一直在坚持不懈地密切关注这个寻找和追踪超新星的项目[1]。这个时候两个团队还都只是声称有了宇宙常数的迹象，谨慎地避免断言发现了宇宙常数。宣布一个发现需要在方法论、分析和误差估计方面都具有极高的置信度。

最终，在 1998 年 2 月 22 日，帕尔马特在玛丽安德尔湾的加州大学洛杉矶分校举行的第三届宇宙中暗物质的来源及其探测国际研讨会上介绍了超新星宇宙学项目的结果。高红移超新星搜索团队的菲利潘科紧跟在他之后讲话。他走上讲坛，暂停片刻，然后勇敢地

---

[1]　詹姆斯·格兰兹，《爆发的恒星指示有一种普遍存在的斥力》（*Exploding Stars Point to a Universal Repulsive Force*），《科学》杂志，第 279 卷，第 5351 期（1998 年 1 月 30 日），第 651～652 页。——原注

宣称："你要么有一个结论，要么没有结论。"他说高红移超新星搜索团队有了一个结论。现在是公开的时候了，高红移超新星搜索团队对于宇宙学常数有着高度的信心，乐意为它辩护，而且有确凿证据在手。距离我们 10 亿光年或更远的那些超新星看起来比预期的更为昏暗，这是因为宇宙比这些恒星爆发时膨胀得更快了，从而将它们推到离地球更远的地方。而驱动这种加速膨胀的是暗能量，它以宇宙学常数的形式表现出来。暗能量最终成为现实。可以预料，紧接下去分配功劳归属的纷争就轰轰烈烈地开始了，这种纷争既存在于团队内部，也存在于各团队之间[1]。

考虑到这是一项非凡的发现，因此还存在着许多关于其他可能解释的问题。是否有可能是大自然在要一个乖戾的花招：比较年老的（即距离比较远的）那些超新星可能只不过是一些不同的难以对付的东西而已？是否最早形成的那些星系的金属丰度要低于后来聚合起来的那些，可能这就导致了早期星系中的超新星比较昏暗？不过，近处和远处的超新星都具有相似的光谱。如果其成分具有根本差异的话，就会在光谱中显示出来。因此，这两个团队得出了同样的结论：比较可能的解释是宇宙经过加速阶段，从而使超新星自从爆发以来就被遗留在比较远的距离上。因为两个独立团队为获取数据而选取的超新星在很大程度上是各不相同的，而且又采用了完全互不相关的分析技术，然后却得出了相同的结论，所以在他们仔细地使自己确认无疑以后，再由他们去说服宇宙学界的其他人就很容

---

[1]　帕内克，《4%的宇宙：暗物质、暗能量，以及发现其余现实的竞速》，第163页；玛西亚·巴图夏克，《宇宙档案：改变我们对宇宙理解的100个发现》（*Archives of the Universe: 100 Discoveries That Transformed Our Understanding of the Cosmos*, New York: Vintage, 2004），第608~611页。——原注

易了。与过去不同的是，这次没有出现拒不让步者或者有权势的个别人物对这些断言提出反驳。虽然宇宙常数的迹象是一项变革性的发现，但是因为早先来自其他宇宙学探测（宇宙微波背景辐射及其他天文学测量）的不断积累的迹象都指向一个 Ω 等于 1 的宇宙，而宇宙常数的迹象与这些迹象又对得上号，所以它就迅速地被接受了。还有一个原因也有助于使这种理念更容易为人们所接受：宇宙常数是一个熟悉的概念，因为它早在数十年前就已由爱因斯坦本人引入了。

宇宙常数吸引人的原因还在于，它解决了困扰着宇宙学的许多其他相持不下的争论。它明确解决的一个关键问题是关于宇宙年龄的争端——前文讨论过的一个矛盾，即通过确定岩石和恒星的形成年代发现它们比人们相信的宇宙年龄更老，这对于大爆炸和冷暗物质模型而言有点儿尴尬。随着暗能量的发现，宇宙的膨胀速率提高了，因此它的时间线就需要将这一因素考虑在内，而这样一来就突然使宇宙变老了。暗能量的存在也由此解决了以下问题：尽管有一大批其他天文学观测都发现 Ω 等于 1，那么为什么物质对于 Ω 的贡献仍然很小？在对宇宙成分的清算过程中以前一直漏掉了一个关键成分。

虽然暗能量充当了一种方便的占位符，有助于使宇宙的好几种观测性质合拍，但也仅限于此，只不过是一个占位符而已。正如对于暗物质的情况那样，我们知道暗能量存在，但我们对于它的起源或演化却没有任何真正的线索。因此，我们现在有了一份依据充分的宇宙成分清单，但构成宇宙主体成分的本质仍然难以捉摸。我们似乎生活在这样的一个宇宙之中，其中普通原子（即周期表上我们所知道的所有原子）似乎仅占 4%，还有 25% 的暗物质和 70% 的暗能量等。我们还得设法想出一个总的理论框架，用于描述暗能量是如何以及何时形成的。这是否就是如某些物理学家所提出的一种被称为"第五要素"的场——一种前所未知的基本力？它随着时间发生改变吗？它是固定不动的吗？这些疑问仍然没有答案。

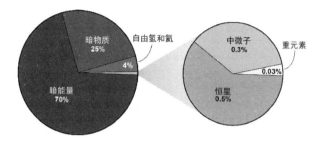

左侧的饼图中显示了宇宙中的物质-能量总和，其中分别以暗物质和暗能量占其主要部分。右侧所示的局部放大图中明示了宇宙中普通原子的组分。

　　暗物质、暗能量与过去被认为存在的那些虚构流体以太和臭气有多大的不同？我们有经验证据——观测、测量和多种独立证据，它们都指向暗物质和暗能量的存在。我们现在拥有各种仪器和技术来探测它们的性质，并且正在致力于进一步探究它们的本质。有许多已列入计划的卫星任务及地面观测项目都旨在更好地理解暗能量。

　　相当不同寻常的是，取得这些发现暗能量的观测成就的团队领导者在 2011 年因 1998 年的一个发现而被授予诺贝尔奖，按照物理学奖的常规标准来说这一裁定过程是相当迅速的。根据阿尔弗雷德·诺贝尔[1]的遗愿，这项年度物理学奖在一年中只能授予不超过

----

[1]　阿尔弗雷德·诺贝尔（1833—1896），瑞典化学家、工程师、发明家、军工装备制造商和硝酸甘油炸药的发明者。诺贝尔一生拥有355项专利发明，并在20个国家开设了约100家公司和工厂，积累了巨额财富。1895年，诺贝尔立嘱将其遗产的大部分（约920万美元）作为基金，将每年所得利息分为5份，设立物理学、化学、生理学或医学、文学及和平5种奖金（即诺贝尔奖）。——译注

3 个人。这条限制为物理学奖造成了新问题，而且其中尤其是宇宙学，在这一领域中由于知识的成熟，因此前沿研究正在日益走向相当大规模的合作组操作方式。对于任何一项本质上是由一个团体共同努力而做出的开创性发现，要从其中筛选出 3 个人来给予荣誉正在变得越来越困难。这就不可避免地导致每年 10 月的第二个星期都会出现一些愁眉苦脸的研究者。天文学曾是一个难以获得认可的领域，但 2011 年的诺贝尔物理学奖却归属高红移超新星搜索团队的里斯和施密特以及超新星宇宙学项目的帕尔马特，以表彰他们发现了暗能量。这就导致了关于发现暗能量的许多未被赞颂的杰出人物的大争辩。在宣布奖项后不久，诺贝尔奖委员会就收到了许多公众辩诉，要求考虑将研究团队作为物理学奖授予对象。规则没有发生任何改变，因此分配功劳和划分奖金的问题仍然充满了争议，特别是由于知识的积累引发了如今这些突破性进展，而这些知识都有着多位关键贡献者，是他们的共同工作才导致了进步。有一些近期设立的著名奖项已经意识到了科学研究文化中的这一转变，因此开始将奖项授予整个合作组。例如，格鲁伯基金会[1]就开创了这一做法的先河，在 2006 年将其宇宙学奖授予整个 COBE 团队，在 2007 年则同时授予发现暗能量的这两个团队。COBE 团队首先倡导的做法是，暗能量的发现者们邀请他们的整个合作组于 2009 年 12 月 10 日参加并分享在斯德哥尔摩举行的诺贝尔颁奖庆典。俄罗斯亿万富翁尤里·米尔纳于 2012 年创立的"突破奖"设置为授奖给数位个人，在必要的

---

[1]　格鲁伯基金会总部在耶鲁大学，奖项包括宇宙、遗传学、神经科学、公正和女权。格鲁伯宇宙学奖于2000年设立，每年颁奖一次，从2001年开始由国际天文学联合会和格鲁伯基金会共同资助。——译注

情况下也授予团队。靠投资银行业发家致富的米尔纳以前曾是一位物理学家，他在其慈善事业中热情地支持各项科学事业。他建立了基础物理学、数学和生命科学的"突破奖"。2013 年，"基础物理学突破奖"授予在欧洲核子研究中心参与发现希格斯玻色子的多个不同团队的领导者，2015 年则同时授予超新星宇宙学项目和高红移超新星搜索团队。如何以一种公正的方式来分配功劳是对于如何在当前组织和实施科学研究工作提出的新挑战之一。

现今处于宇宙学最前沿的科学问题——阐明暗物质和暗能量的本质——要求大型国际合作组通力合作。正如科学史学家彼得·盖里森所写的："大科学势必带来的正是科学生涯本质的变化。日常工作以团队合作和等级制为特征。"这种运作规模最初只是巨型加速器工程的特征，比如说粒子物理学领域中的欧洲核子研究中心，但宇宙学在过去的 30 年中已转变为一个同样不再是研究者单打独斗的领域。相反，各个有组织的团队彼此竞争资金，并开发出先进的方法和技术来处理和协调具有技术挑战性的任务，在我们的情况中是收集和标准化超新星数据。正如物理学家沃尔夫冈·K.H.帕诺夫斯基提出的，我们选择去探索的那些类型的问题使这种尺度增长成为必然。他说："不经过巨大的努力和使用大型工具……我们就完全不会知道如何去获取关于物质最微小结构（高能物理学）、宇宙最大尺度（天文学和宇宙学）或那些统计上难以捉摸的结果的信息。"[1]有一点

---

[1] 彼得·L.盖里森，《概述：大科学的许多面》（*Introduction: The Many Faces of Big Science*），刊于《大科学：大规模研究的发展》（*Big Science: The Growth of Large-Scale Research*, ed. Galison and Bruce Hevly, Standford: Stanford University Press, 1992），第1页；W.K.H.帕诺夫斯基，《SLAC和大科学：斯坦福大学》（*SLAC and Big Science: Stanford University*），出处同上，第145页。——原注

是一清二楚的：无论科学实践如何因为这种事业规模提升而发生改观，科学都不可能脱离社会的其他各层面而独立存活下来，而且其更大的背景已变得愈发重要。由于如今的科学研究需要配置巨大的人力、技术和经济资源，因此情况就愈发如此了。

科学界对于宇宙学中比较近期的那些变革性理念（暗物质、宇宙微波背景辐射和现在的暗能量）的接受过程与早先的模式有所不同。从观测上发现的令人惊奇而又引人入胜的暗物质尽管完全颠倒了我们的宇宙观，但在科学界内部取得一致意见的进程却迅速而平稳。这一过程的迅速、高效是由好几个原因引起的。尽管暗物质如此怪诞，但是它的发现却使许多完全不同的观测不同凡响地相互吻合起来了。这差不多就类似于一个拼图游戏中的最后一片。对于天文学家们而言，宇宙常数过去和现在都只是一个数字；对于理论物理学家而言，Λ 过去和现在都是一种更深层的概念——宇宙的真空能量和空间的一种基本性质。测量数据都是无可置疑的，但其来源却仍然是悬而未决的问题。在这一领域内快速达到共识的另一个原因是宇宙学已达到知识上的成熟阶段，以及在这一科学领域中伴随出现了诸多转变。目前各种发现的步伐急促，其推动力是快速进展的各项革新技术。

在过去的 30 年中，科学的完成方式已发生了根本的改变。由于国际合作团队在实施研究工作，因此各种发现也随之产生了变化。如今再也没有迅速推翻（或者甚至缓慢加固和推敲）一种旧理论的情况了，取而代之的是洪水般涌来的数据，这些数据提出的新理论问题与它们解答的问题一样多。暗能量的发现挑战了我们对于物理学的深层理解，并突出显示了我们对于甚早期宇宙的知识中的各种缺口。宇宙学也在所有知识学科中正在进行的大数据革命中引路领航。有一个新疆界还有待于我们去进一步探索暗能量的真正本质，而这也揭示出一组史无前例的新奇问题，使我们的求索追溯到宇宙创生时的瞬间。

第6章 下一条皱纹：宇宙微波背景辐射的发现

　　在经过一个周六的不眠之夜后，在 1989 年 11 月 19 日黎明前幽灵般的微光之中，约翰·马瑟与宇宙背景探测器（Cosmic Background Explorer, COBE）项目的其他成员开车驶入加利福尼亚州圣巴巴拉市附近的范登堡空军基地的空间与导弹测试设施。马瑟在巡游散布在发射坪周围的观景地时，强烈意识到他们自己的任务得失攸关。他知道成功的发射能够彻底改变我们对于宇宙的理解：COBE 的设计初衷是为了测量大爆炸留下的残余杂音。由于年龄约为 40 万年时炽热、致密的宇宙留下的这种辐射一路向我们奔来，因此通过它就可以追溯宇宙的膨胀历史。在加利福尼亚的那个早晨，空气中充满了激动、紧张和期待。仅在几个小时之前，工程师们还不得不完全替换下三角洲火箭发射器上的机载计算机，而现在 COBE 团队已经在等待着观看这架"爱之卫星"升空并消失在黑暗的晨空之中。他们中的许多人都为此付出了数十载的研究工作[1]。

正当发射倒计时开始时，早已发送到高处的气象气球指示有强风。范登堡空军基地叫停了发射。许多人担心他们会错过短暂的 30 分钟发射窗口而不得不重新安排发射日程。当时集合在现场的观众们似乎经过了漫长而焦急的等待，令他们大感欣慰的是，倒计时又重新开始了。大伙儿看见强光一闪照亮了天空，然后注视着这场缓慢的、令人沉醉的离地升空过程。三角洲火箭的部署就像是一个钟表装置，在发射后的 10 分钟内第一级脱落，第二级点火。COBE 卫星此时从它的运载工具上被弹射出来，巡游进入它远在太空中 170 千米高处的轨道。

不过，COBE 团队的科学家们还要等待几个星期，只有在确定所有仪器都在太空中寒冷的真空条件下按照预期运转之后，他们才能真正庆祝。COBE 成功试运行并采集第一组数据（即第一缕光），经仔细校准和检验后开始发送至地面。一旦数据流开始稳定，其结果简直令人震惊，它以极高的精度准确符合理论预期。COBE 团队的科学家们经过几个月费尽心力的详细审查和分析后，才准备好将这些数据展示给其他科学家及公众。不过当他们这样做的时候，他们揭示了一幅全新的宇宙分布图。这幅分布图与冷暗物质理论预言的符合程度达到了令人惊叹的程度。这幅分布图捕获了宇宙最深的凹陷处发出的古老光芒。

COBE 任务的准备工作需要付出无比艰辛的努力，与往昔绘制

---

[1] 约翰·马瑟本人对于COBE发射过程的叙述，请参见马瑟和约翰·博斯劳所著的《第一缕光：回溯到宇宙黎明这一旅程的真正内幕故事》（以下简称《第一缕光》）（*The Very First Light: The True Inside Story of the Scientific Journey Back to the Dawn of the Universe*, New York: Basic Books, 2008），第3~9页。《爱之卫星》（*satellite of love*）指的是歌手卢·里德最著名的歌曲之一，出自他1972年的专辑《变压器》（*Transformer*）。——原注

地图的变换过程非常相似。1519 年，斐迪南·麦哲伦[1]向西班牙国王卡洛斯一世提出了一个大胆的建议，麦哲伦确信他能够发现一条通往亚洲的新商路。不过除了贸易利益以外，他还受到冒险精神的驱动，渴望去探索地球的那些偏远角落。麦哲伦避开了许多障碍，其中包括葡萄牙国王的蓄意破坏，终于获得了所需的所有资金，包括来自一位商人的捐赠。最后，他在 1519 年 9 月 20 日带领舰队扬帆起航。那天在西班牙塞维利亚下游桑卢卡尔·德瓦拉梅达的人们的心情就类似于 470 年后 COBE 团队在范登堡空军基地所体验到的那种激动兴奋。如今也需要同样的坚韧执着，才能集结起一支科学团队、汇集资金、设计和制造实验装置并成功将其发射进入太空，随后再对传回地球的数据流做出解释。驱策这两趟发现之旅的同样是人类渴望探索这种本质的、深层次的冲动和抱负，并且两者都有着很高的风险。麦哲伦成功地环绕地球航行一周，从而以那一趟旅程翻新了我们对于世界的理解。那预示着一个世界贸易和全球化的新时代，他对于我们重新绘制地图助了一臂之力。马瑟和 COBE 团队重塑了我们对于宇宙的理解。由于他们所付出的努力，团队成员马瑟和乔治·斯穆特被联合授予 2007 年诺贝尔物理学奖[2]。

我们对宇宙理解的真正转变来自 COBE 测量到的宇宙微波背景辐射。宇宙微波背景辐射的理念首先是在 20 世纪 40 年代提出的，

---

[1] 费迪南·麦哲伦（1480—1521），葡萄牙探险家，为西班牙政府效力探险。1519 - 1521年率领船队首次环航地球，死于与菲律宾当地部族的冲突中，他船上余下的水手在他死后继续向西航行，回到欧洲。——译注

[2] 劳伦斯·贝尔格林，《越过世界的边缘：麦哲伦的惊人环球航行》（*Over the Edge of the World: Magellan's Terrifying Circumnavigation of the Globe*, New York: Harper Collins, 2004）；马瑟和博斯劳，《第一缕光》，第255~263页。——原注

不过几乎没有人立即认识到其重要性。确定其存在的那些实验工具只是为了完全不同的目的而设计的。在我们这个例子中，事实证明关键所在原来是第二次世界大战期间在麻省理工学院辐射实验室开发出来的军用雷达。为战争效力而建立起来的军事－工业综合体在基础科学中催化出许多出乎预料的进展。正如赫尔格·克拉夫曾指出的，宇宙学是一个特殊的受益者[1]。不过在对此进行深入探讨之前，让我们首先回到太初，确实地回到宇宙本身的开端。

在不大出名的杂志《科学问题回顾》（*Revue des questions scientifiques*）1931 年 11 月的那一期上发表的《空间的膨胀》（*L'expansion de l'espace*）一文中，乔治·勒梅特写道："原子世界被分裂成碎片，每个碎片又分裂成更小的片段……世界的演化可以与一场刚刚结束的烟火表演相比较……我们可以设想空间起始于一个原始原子，而空间的起点就以时间的起点为标志。"当然，他所提出的膨胀宇宙模型意味着一个暴烈的开端——大爆炸。勒梅特还于 1931 年在《自然》杂志上发表了一篇研究快报，其中详细阐述了他的宇宙起源理论，即宇宙在"没有昨天的一天"起源于一个"原始原子"——空间和时间中的一个非常致密的点[2]。他确信科学家们能够获得这种开

---

［1］　德瑞克·J.德索拉·普莱斯，《小科学，大科学》，第239页；赫尔格·克拉夫，《宇宙学及争议：两种宇宙理论的历史发展》（以下简称《宇宙学及争议》）（*Cosmology and Controversy: The Historical Development of Two Theories of the Universe*, Princeton: Princeton University Press, 1996），第123~134页。——原注
［2］　G. 勒梅特，《空间的膨胀》，刊于《科学问题回顾》（1931年11月），第391~410页；在《原始原子：宇宙进化论随笔》（*The Primeval Atom: An Essay on Cosmogony*, New York: Van Nostrand, 1950）第78~79页引用了贝蒂·H.科尔夫和瑟奇·A.科尔夫翻译的该文英译版；勒梅特，《从量子理论观点论世界的开端》（*The Beginning of the World from the Point of View of Quantum Theory*），刊于《自然》杂志，第127卷，1931年第3210期，第706页。另请参见克拉夫的《宇宙学及争议》，第22~60页。——原注

端的物质证据，确信依靠观测手段去了解原初宇宙是必由之路。不过在这一关头，理论和观测之间的对话与合作才刚刚开始。这是在建立宇宙膨胀模型过程中由哈勃的观测与勒梅特的理论之间相辅相成所取得的成功而促成的。这是此类协作与团结的初期，而它们最终会使理论与观测步伐一致，正如它们今日那样。勒梅特的理论与哈勃的观测紧密配合，为宇宙学研究开启了具有光明前景的新通道。在此之前还没有任何人曾敢于如此去模拟整个宇宙并按时间顺序记载大爆炸以来的宇宙演化史。自那时起，对于大爆炸模型及其可能引起的观测后果进行深入探究成了许多物理学家的工作重心。不过，当时大爆炸模型还远未确立，它还面临着严峻的竞争。特别是从 20世纪 40 年代后期以来，弗雷德·霍伊尔一派的稳态理论造成了越来越大的阻力。由于关于宇宙的起源有着各种理念之间的纷争，所以人们对于获得那些可能有助于区分它们的观测数据就有了极大的兴趣。

我们故事中的主角之一是物理学家乔治·伽莫夫，他于 20 世纪 40 年代后期在华盛顿特区的乔治·华盛顿大学任教。他与两位年轻的同事拉尔夫·阿尔菲和罗伯特·赫尔曼一起开始研究从大爆炸模型来看宇宙中的各种化学元素是如何诞生的。伽莫夫确信，只要能为周期表中的各种已知化学元素如何产生找到一种解释，就会使大爆炸模型的地位板上钉钉。人们认为他是一位富有创造力的天才，是产生新理念的源泉，而他也将这些新理念慷慨地与学生和同事们分享。不过，与弗里茨·兹威基一样，伽莫夫也有着复杂的个人名声。除了他巨大的科学贡献之外，他也以恶作剧及酗酒而出名，这些转移了人们对于他的许多成就的注意力。伽莫夫来自一个令人惊叹的知识分子家族，他曾在彼得堡 / 列宁格勒国立大学（即今天的圣彼得堡国立大学）师从给出爱因斯坦场方程组的演化宇宙解的著名物理学家亚历山大·弗里德曼学习。伽莫夫开创性的、广受赞誉的科学工作是研究放射现象和恒星演化。伽莫夫与他的妻子在 1934 年来到美国落脚。尽管伽莫夫在放射现象与核聚变方面做出了许多独创性的贡献，而且是这几方面的专家，但他还是被美国的曼哈顿计划排斥在外。他没有得到参与机密工作的许可，尽管后来他曾受邀在洛斯阿拉莫斯国家实验室短暂参与过氢弹项目的研究。人们如今推测此中原因可能是他无人不知的酗酒问题。虽然他在同事们之中的名声褒贬不一，但在公众层面上却有着大批仰慕者。到 20 世纪 40 年代，他已经是一位非常著名的科学普及者以及极具启发性的科学作者了。他写了许多畅销书，如《从一到无穷大》、《汤普金斯先生探索原子世界》和《物理世界奇遇记》等[1]。

　　大约在 1944 年前后，伽莫夫与阿尔菲及赫尔曼一起开始认真研究宇宙化学。赫尔曼当时刚从普林斯顿大学获得博士学位不久，他的研究工作包括两个方面：拓展勒梅特的原始原子理念以及宇宙的开端。伽莫夫想要探究的重大问题是所有已知的化学元素是怎样合成的。他特别想要探究的是，一切元素是否有可能都是在早期宇宙中制造出来的，这要远早于第一批恒星形成之前。他坚信热大爆炸模型，即宇宙有一个炽热的、致密的开端，因此投入了大量精力去为其寻找铁证，而这正是当时所缺失的。由于氢和氦可以在宇宙初期形成，而这是已知的，因此他推测，假如能为其余元素的早期来源找到一种可靠的解释，那就会有定论了。阿尔菲和赫尔曼采用了

---

[1]　克拉夫，《宇宙学及争议》，第81~101页；马瑟和博斯劳，《第一缕光》，第28页。——译注

一种新颖的方法进行外推。他们的起点是目前的状态，此时的宇宙从本质上来说包含的主要是富氢和富氦的恒星，以此外推到初始状态，当时宇宙的密度非常高。他们所估算的早期宇宙会如此致密，乃至各种粒子和它们的物理上的仇敌——反粒子能够不断地形成并彼此湮灭，从而允许能量和物质发生快速的相互转换。在极高温条件下，爱因斯坦的质量－能量等价关系（用著名的公式 $E=mc^2$ 来表达）发挥了作用，因此充满了粒子和反粒子。阿尔菲和赫尔曼意识到，假如早期宇宙确实是一锅不守规矩的粒子汤，那么这种持续发生的质量－能量嬗变就很可能会带来某种平衡，于是我们现在所熟悉的那些亚原子粒子——质子、电子、中子、光子和中微子——就因之会随着宇宙的膨胀与凝结而形成。

这种平衡被称为热平衡，它具有某些不寻常的特征。想象有一个不透明的密闭盒子，其内部封闭着能量（包括光在内的所有形式的辐射）和质量。根据量子力学，这样的一个盒子会达到平衡，并且其表现会像一个理想的"黑体"，因此它所放射出的辐射强度会取决于盒壁的温度。正是伽莫夫首先认识到并讨论了热辐射与热平衡在化学元素合成过程中可能起到的重要作用。阿尔菲和赫尔曼在他的基于直觉的想法的指引下，得到了一个关键的洞见。他们猜测炽热、致密的早期宇宙在达到热平衡的过程中，其表现就会像一个黑体。由于黑体的识别特征就是温度，因此阿尔菲和赫尔曼估算出由此得到的宇宙温度——宇宙目前的温度。此外，他们还推测，尽管膨胀已使宇宙冷却下来，但早期高温宇宙必定仍然将其无法磨灭的鲜明特征以黑体辐射的形式存留下来。黑体辐射的特殊存在方式，会使得这种辐射呈现无处不在的现象。一个黑体会永远保持着黑体状态，即使在冷却过程中也是如此。因此，整个宇宙至今仍然是一个黑体，虽然其温度已低于其炽烈的开端。阿尔菲和赫尔曼估算出目前的黑体温度约为零下 268 摄氏度。宇宙是一个黑体，并且早期宇宙和目前的宇宙各自具有独特的温度，这都是非同寻常的断言。阿尔菲和赫尔曼当时预言的宇宙温度很低，这是有悖直觉的，但却与数十年后测量得到的值极为相近。我们在日常体验中总是更容易感知较高的温度，因为我们亲眼见到正在沸腾的水以及在烤架上嗞嗞作响的食物。不过零下 268 摄氏度的宇宙温度要远远低于我们熟悉的这些温度，远远低于我们的体温，甚至远远低于冰的温度。除了温度以外，阿尔菲和赫尔曼进行计算的首要目标是要解释原子如何从那个原始的火球中起源和形成。他们的这项任务只获得了部分成功——无论他们如何努力，研究结果显示比氦重的那些元素都只能产生极微的量。他们在 1948 年的《自然》杂志上发表了这些新的但并不令人满意的结果，而把他们估算出的宇宙当前极低温度作为一句题外话藏匿在其中[1]。这篇论文为早期宇宙的物理学提供了一些重大见解，并且修正了伽莫夫之前的一篇论文中存在的几个差错，但是没能解释自然界中为什么缺乏原子序数为 5 的稳定同位素。这是他们当初打算解决的问题的一个关键部分。尽管如此，阿尔菲和赫尔曼还是得到了许多有趣的结果，其中包括计算出了膨胀宇宙中的物质密度演化。然而，由于他们没能对原子序数为 5 的同位素的缺失做出解释，也就没能恰当地解释所有更重元素的来源，所以这篇论文被视为毫

---

[1]　关于拉尔夫·A.阿尔菲和罗伯特·赫尔曼的第一批结果，可参见《宇宙的演化》（*Evolution of the Universe*），刊于《自然》杂志，第162卷，1948年，第4124期，第774~775页。另请参见马瑟和博斯劳的《第一缕光》，第42~43页。——原注

无作为。不幸的是，他们对宇宙温度的估算被埋没在这样一篇被认为不够格的、有缺陷的论文之中，因此也就被束之高阁了。

还有另一个令情况更加复杂的问题：他们所预言的宇宙温度值甚至都没能使伽莫夫信服，他可是他们的密切合作者！伽莫夫顽强地试图将他对于早期元素形成的研究工作与他以前对于恒星的研究联系起来。他在此尝试过程中曾对宇宙及星际物质的温度做过多种不同的预测，其范围从零下268摄氏度到零下223摄氏度不等。伽莫夫的这些不固定的、不稳定的预言造成了阿尔菲和赫尔曼的温度计算更加不为人们注意。伽莫夫、阿尔菲、赫尔曼及其合作者们完全沉浸于解释元素起源并确保其正确，因此在1948年仅这一主题就总共发表了11篇论文，其中却没有任何一篇解决了宇宙化学这个问题。尽管论文如此多产，然而科学界还是完全忽视了阿尔菲和赫尔曼的预言。不过，这一不幸的事实使我们可以将这个问题作为一个完美的案例，用以研究为何接受某些变革性理念的旅程会更为艰辛，以及那些非科学因素在此过程中是如何逐渐发挥出重要作用的。这是一个著名的例子，整个科学界都在远远超过20年的时间里忽略了一个重要贡献。因此，后来有了好几项仔细的学术调查，试图搞清楚这项开创性的工作为何没能造成任何影响。尽管阿尔菲和赫尔曼的个人动机和意图并非桩桩件件事后都能得到精确的追溯，不过宇宙学家詹姆斯·皮伯斯经过煞费心力的研究撰写了一篇文章，题为《热大爆炸的发现：在1948年发生了什么》(*Discovery of the Hot Big Bang: What Happened in 1948*)，其中追踪了他们各篇科学论文的足迹。约翰·马瑟和约翰·博斯劳也在他们的《第一缕光》一书中深入钻研了这个问题[1]。对于这一计算的所有历史重塑都对一件事情看法一致：阿尔菲和赫尔曼在1948年发表在《自然》杂志上的那篇论文中，首先估算出宇宙微波背景辐射的温度，并将其确定为宇宙的温度。

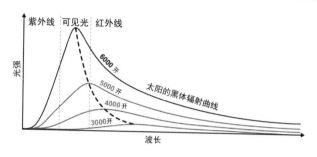

一个热平衡辐射物体的黑体光谱形状示意图。由于早期宇宙的表现就像是一个黑体，因此测得的宇宙微波背景辐射谱与这条曲线完全吻合。

假如我们能够推测出造成这种忽视的合理智力原因可能是什么，那么很有可能是这样一个事实：这篇论文的主要议题和计算重点并不是宇宙温度，而是早期宇宙中化学元素的产生。对宇宙温度的估算是一句题外话，它如此无足轻重，以至于论文中并没有明确探讨对其进行可能的探测或核实的问题。即使这条预言引起了注意，考虑到这种预期温度值非常低，因此在1948年也很难去测量它。任何力图测量宇宙温度的审慎尝试都是在很久以后才出现的。在《第一缕光》中，马瑟和博斯劳暗示在1948年这种测量从技术上而言是可行的，但也仍然具有挑战性。奇怪的是，普林斯顿大学的物理学家

［1］ P. J. E. 皮伯斯，《热大爆炸的发现：在1948年发生了什么》，刊于《欧洲物理学杂志H》（*European Physical Journal H*），第39卷，2014年第2期，第205~223页；马瑟和博斯劳，《第一缕光》，第1~6章，其中生动地叙述了宇宙微波背景辐射发现历史中的细节，包括深度分析了阿尔菲、赫尔曼和伽莫夫的贡献如何及为何未被认可（我完全同意他们的观点）。——原注

罗伯特·迪克曾经在某种程度上尝试过，却没有意识到自己已经快测量到宇宙温度了。他的计划包括测量太阳和月亮的黑体温度。他注意到来自大气层的热辐射会作为一种污染影响他的测量，因此热辐射也需要测量。迪克和3位同事在1946年发表了一篇关于该主题的论文，就在伽莫夫、阿尔菲和赫尔曼论文产量暴增的前两年。他们的结论是，辐射水平意味着大气温度低于零下253摄氏度。他们还估算出这一信号的强度太弱，因而无法用辐射计直接探测到[1]。迪克在佛罗里达州试图进行这一测量，但没有获得成功，因此他很快就对此失去了兴趣。由于宇宙温度这一理念的重要性从大局来看尚不明朗，因此它被忽略了很长一段时间。除此以外，关于大气和星际物质的温度是否与整个宇宙的温度完全是一回事，也存在着确确实实的困惑。概念上的混淆显然并不是一件好事。正如我们在后文中将会看到的，具有讽刺意义的是迪克当时采用由他自己发明的一个装置已经接近于做出这一测量！

此问题还有部分起因是天文学和物理学中各科学分支过度专门化和缺乏沟通。赫尔曼和阿尔菲是训练有素的恒星天体物理学家，恒星天体物理学是一个独特的学科分支，因此被视为与宇宙学多少有点儿脱节。赫尔格·克拉夫在他的《宇宙学及论战》一书中提出，伽莫夫、赫尔曼和阿尔菲发表的各种不同的、相互冲突的宇宙温度值也许造成了天文学家们的困惑。此外，这个温度是宇宙起源的温度还是将恒星辐射的效应也包括在内了，这一点在当时也不甚清楚。

[1] 马瑟和博斯劳，《第一缕光》，第44页；R. H. 迪克、R. 贝林格、R. L. 凯尔和A. B. 维恩，《用微波辐射计测量大气吸收》（*Atmospheric Absorption Measurements with a Microwave Radiometer*），刊于《物理学评论》（*Physical Review*）第70卷，1946年，第340～348页。——原注

这种诠释上的混淆事实上是一个老问题了，而且很可能导致了人们对于也许是真正第一次公布的宇宙微波背景辐射探测不闻不问，而这次探测甚至比迪克的那次中途放弃的尝试更早。1941 年，加拿大物理学家安德鲁·麦凯勒在没有意识到的情况下测量了宇宙的温度。他当时正在研究碳氮循环作为碳星能量来源的可能性，有毒的有机化合物氰（由碳原子和氮原子构成）触发了他的兴趣，这是由于1910 年在哈雷彗星的彗尾中探测到了这种化合物。在研究星际空间中的分子光谱以理解它们的功能和来源的过程中，麦凯勒确定了这种有毒的氰分子温度极低——事实上大约为零下 270 摄氏度。没有人认识到这一低得异乎寻常的温度的重要性，也不知道它除了麦凯勒的那种显然只有内行人才懂的研究之外，是否还有任何意义。除了对于阿尔菲和赫尔曼究竟在测量什么的困惑以外，克拉夫认为他们还有另一个关键性的失误：他们没有讨论，甚至没有思索如何测量出他们所估算出的温度。例如，他们 1948 年发表在《自然》杂志上的那篇论文就没能计算和提供这种宇宙温度能够被探测到的精确波长。事实上，文中甚至都没有出现一幅黑体辐射曲线图。克拉夫认为（而且我也赞成），他们对于在微波波段中能观测到宇宙温度略而不谈，这就更加打消了人们从实验方面努力去探测它的念头。再者，由于这种没有引导人们去注意微波波段的情况，因此天文学家们就想不到要把这些点连起来。阿尔菲和赫尔曼的所有计算都出现在这样一个背景之中：在当时被视为一个完全独立的研究领域——核物理学。说白了，宇宙学家们对此简直没有加以关注[1]。

　　作为理论学家，阿尔菲和赫尔曼当时正在寻求理解各种化学元

---

[1]　克拉夫，《宇宙学及论战》，第133~134页。——原注

素是如何在早期宇宙中形成的，而这使他们处于不利地位。他们不是在寻找早期宇宙的温度，并且从某种程度上来说，他们也不相信任何人能够找到它。与此同时，他们对于自己所提出的探讨话题也没有取得成功。他们所发现的结果与伽莫夫最初的假设是矛盾的。阿尔菲和赫尔曼认识到，在早期宇宙只有大约最初几分钟的窗口中，氢和氦能够发生聚变而制造出更重的元素。一旦这个窗口由于膨胀驱动的快速冷却而关闭了，那就几乎不可能会再发生聚变（因此也就不会再创造出更重的元素）。阿尔菲和赫尔曼发表了这一结论，但我们可以想象，由于没能解决他们寻求答案的那个基本问题，他们一定感到相当颓丧。

关于阿尔菲和赫尔曼的那些重要见解当时为何没能造成影响，而是逐渐被湮没淡忘，还有另外好几个实际原因。由于学术职场变幻莫测，因此他们两都退出了学术界，分别去往通用电气公司和通用汽车公司的研究实验室工作。他们离开了这一领域，只是等到他们有可能从日常工作中挤出时间来继续从事他们的研究时，才会间或发表一些论文。离开学术界意味着他们无法引导各研究团队去理解他们的那些发现中所隐藏的含义，只有在训练有素的博士后研究人员和博士生大军的帮助下，这种研究工作才有可能得以实现，也只有那些在大学里拥有稳固的、终身职位的科学家才有可能开展此类研究。阿尔菲和赫尔曼都离开了本可以有一些学生为他们工作并传播他们的研究工作的科研环境。科学理念从来都需要有其促进者去散播和推动，各种理念都需要招募研究生和博士后研究人员来详细阐述和验证它们，假如没有通过这种方式建立起来的知识帝国所提供的"回音室"，那么这些理念就会消亡。而且至关重要的一点是，

20 世纪四五十年代仍然有人怀疑热大爆炸理论。宇宙微波背景辐射与大爆炸模型有着千丝万缕的联系，因此事实上是这一模型的关键观测识别标志之一。由于阿尔菲、赫尔曼和伽莫夫没能在热大爆炸模型的背景下成功解释化学元素的来源，因此这对于说服那些贬损这种理论的人就毫无助益。

阻止人们完全接受热大爆炸模型的另一个障碍是关于宇宙年龄的估计。天文学家们通过研究宇宙膨胀速率以及估计宇宙的大小，就能够估算出它的年龄。根据哈勃膨胀测量，宇宙年龄只有 20 亿年。与此同时，地理学家们已经挖掘出了地球上好几十亿年前的岩石。这就引出了一个复杂的难题。看来对于宇宙的描述而言，热大爆炸模型即使不说是不足的，至少也是不完整的。关于宇宙的开端也存在着需要全力以赴去解决的麻烦问题：它的初始条件是为何以及如何产生的？

在这个节骨眼上，即 20 世纪 40 年代末和 50 年代初，剑桥三人组合邦迪、戈尔德和霍伊尔提出的稳态宇宙这一对抗理论也有着哲学上的吸引力。他们的概念是一个永恒的宇宙，这就使他们不需要去为一个开端做出解释，于是也就不必回答大爆炸之前发生了什么这个令人不安的问题。稳态模型吸引了大批追随者，并且有许多物理学家也深陷其中。阿尔菲和赫尔曼对于黑体宇宙背景辐射的预言与稳态宇宙学模型不相容，这很可能也是宇宙微波背景辐射直到1965 年前后才重新被人们想起的另一个原因。

这一非常重要的理念之所以逐渐不为人们所知，一个关键因素是当时的学术气氛。原初爆炸导致一个膨胀宇宙的理念在当时还完全没有确立为严肃的科学。宇宙学作为一个领域遭受着怀疑的目光。

与物理学的许多其他分支不同，在宇宙学中没有可能去进行可控的实验，而在宇宙尺度上所进行的测量看来好像也深受各种未知误差的困扰。它给人的感觉必定不像是一门传统科学。不过，宇宙学在知识层面上所占的地位应该很快就要发生变化了，而事实上是宇宙微波背景辐射的偶然发现催化了这一进程。当然，一种理念，尤其是一种变革性的理念常常需要时间去孕育，从而最终当天时地利条件具备时，假如它是正确的，那么它就能迅速得到评估和接受[1]。

因此，最终造成我们对早期宇宙的理解发生骤变的是纯粹机缘巧合下的意外发现，而且这一发现来自于一个完全出乎意料的角落。物理学中有这样一种说法：一个人的噪声会是另一个人的信号。意思就是说，在回答一个科学问题时，一个完全令人厌烦的解答对于另一个不同的问题来说却常常发现它极具价值，有着令人意外的启发性。这两位物理学家首次报告他们测量到了宇宙微波背景辐射的例子实属这种情况，当时他们在寻找的甚至并不是宇宙微波背景辐射。

1964 年，贝尔实验室的两位天才物理学家阿诺·彭齐亚斯和罗伯特·威尔逊正在摆弄实验室安装在新泽西州霍姆代尔的克劳福德山上的一架喇叭形天线。从哥伦比亚大学获得实验物理学博士学位的彭齐亚斯此时已在贝尔实验室工作 3 年了。他雄心勃勃、思维敏捷，很擅长掌握他所研究的任何问题的大局。当时 27 岁的威尔逊是刚从加州理工学院毕业的博士，他接受的教育是稳态理论，此时他刚刚加入贝尔实验室。他属于思维周密的一类人，打骨子里就是一位喜

[1] 乔治·伽莫夫，《宇宙的创生》（*The Creation of the Universe*, New York: Dover Science Books, 1952; reissue 2004），第2~4章。——原注

欢捣鼓仪器的神手。他沉迷并拘泥于细节，而且他是带着具有让检测仪器运转起来的超凡技能的名声成为贝尔实验室的一员的。他在博士论文中描绘了长波和射电波段的银河系。对于自己将会无意中卷入对我们整个宇宙分布图的重制，而且还会在其中发挥作用，此时的他还几乎一无所知。

彭齐亚斯和威尔逊利用克劳福德山的天线作为望远镜来分析天空中那些射电波段而不是可见波段的源。射电频率是电磁波谱（其中也包括可见光）的一部分，其波长范围从几毫米到 10 米左右。它们能够穿透并通过地球大气而不会被反射回去或者发生畸变。尽管海因里希·赫兹在 1887 年就发现了无线电波，但是卡尔·央斯基在 20 世纪 30 年代才首次探测到银河系中心发出的射电辐射。他当时使用的是他建造在新泽西州霍姆代尔的一架长天线。当时专注于可见光、透镜和摄谱仪的天文学界没有立即重视将这一新设备应用于宇宙学研究的价值。但在第二次世界大战以后，由于雷达的卓越表现，出现了大量从事雷达研发和应用的物理学家和工程师，射电波段开始作为天文学上的一种新的探索工具而得到了广泛应用。这就激起了人们去寻找更多宇宙射电源的兴趣。

彭齐亚斯和威尔逊所使用的那架望远镜有着非常灵敏的射电接收器，它是"回声"通信系统的一个转发和放大器件。这个系统是 1960 年由贝尔实验室制造的，由大气上层的两个巨大的金属气球反射无线电信号，从而能够实现远距离通信。不过，到彭齐亚斯和威尔逊使用这个接收器的时候，它对于通信而言已经过时了，由卫星取而代之。射电望远镜上的天线需要接收到通常噪声之外的信号，才能探测到可能的宇宙源。克劳福德望远镜被调谐到 4 080 兆赫的频

率，这对探测微波波段信号来说是理想的频率。为了在这些波段上找到并分离出这些预期来自天体源的极其微弱的信号，彭齐亚斯和威尔逊就要去寻找到当时尚未发现的射电源发出的辐射。为此，他们不得不甄别出可能淹没他们的微弱信号的所有静态噪声源，从而量化并由此消除一切干扰源。

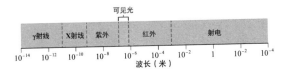

显示了全部范围的电磁波谱，从 γ 射线（最短波长）到无线电波（最长波长），并清晰表明了可见波段的范围之狭窄。

尽管他们尽了最大努力去甄别和校正所有这样的噪声源，但结果还是失败了。他们正在探测到的静态噪声似乎淹没了他们的信号，因此他们想将其去除。于是他们检查来自各方面的噪声，从地面到上层大气分子抖动以及装置本身的运行状态，甚至包括两只喜欢停在天线上的正在筑巢的鸽子身上。不过噪声一直没有消退，不管是哪个季节，也无论天线的朝向如何。他们被难住了。这种噪声无法识别，因此也就无法去除。这个噪声在空间和时间上都是均匀的，来自整个天空，没有任何方向选择性；并且这些微弱的无线电波的温度大体上相当于 3 开左右。

1964 年 12 月，彭齐亚斯参加了一次天文学会议，回来后他与一位同事、射电天文学家伯纳德·伯克讨论这个挥之不去的噪声问题。伯克向他指出了最近发表的一篇论文，这是当时在普林斯顿大学罗伯特·迪克手下工作的一位名叫詹姆斯·皮伯斯的年轻理论学家撰写的[1]。迪克当时已成为一位有建树的、极其博学多才的物理学家，并被认为不仅仅是一位理论学家，还是世界一流的实验家。这是他在麻省理工学院辐射实验室进行战时工作时树立起来的名声。他出生于 1916 年，是一位说话温和、精力充沛的人。他对付机械装置和设计电子电路就如同他解答复杂数学方程一样手到擒来。他只差一点点就发明了激光。查尔斯·汤斯及其妹夫阿瑟·肖洛在 1958 年为微波激射器提交了专利申请。迪克比他们还早两年，在 1956 年申请过一项专利，以一种非常相似的方法来建造同一类型的仪器，但他那种仪器的运行波段不同，属于红外激光器。汤斯和肖洛的发明是一种更为复杂的装置，与迪克的那台仅限于红外波段的装置相比，它能够在更宽的电磁波谱频段上运行。虽然迪克在 1958 年获得了这项专利，但发明激光的大部分荣誉都与他擦肩而过。这还不是他唯一一次恰好跌出某项重大发现和发明的功劳簿之外。

他曾独立预言存在着无所不在的宇宙微波背景辐射，并鼓励他在普林斯顿大学的学生皮伯斯去进行更为详细的计算。皮伯斯在热大爆炸模型的背景下所做的计算预言，由宇宙的火球式开端制造出了残留至今的无线电波背景辐射。他声称，这种大爆炸留下的痕迹会均匀地填满整个空间，因此会有大约 10K 的稳定可探测温度，甚至可能"低至 3.5K"[2]。他还进一步提出，从一架灵敏的射电望远镜中进行观测时，宇宙微波背景辐射就会像是持续不断的嗖嗖声。皮

［1］ 艾伦·莱特曼，《发现》，第411页。——原注
［2］ R. H. 迪克、P. J. E. 皮伯斯、P. G. 罗尔和D. T. 威尔金森，《宇宙黑体辐射》（*Cosmic Black-Body Radiation*），刊于《天文学杂志》，第142期，1965年，第416页。——原注

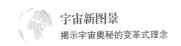
伯斯和迪克当时并不知道伽莫夫、阿尔菲和赫尔曼在 20 世纪 40 年代发表的那些相关计算和预言。他们重新发现了宇宙微波背景辐射。

在彭齐亚斯和威尔逊在为他们的奇怪嗞嗞声大伤脑筋，而迪克和皮伯斯在思考宇宙微波背景辐射的同时，有两位苏联物理学家伊戈尔·诺维科夫和安德烈·多里希科维奇也加入了战局。他们阅读了伽莫夫团队的那些论文，并重新考虑了其计算。他们不仅是完善了这些计算，而且还为探测这种辐射（即大爆炸遗迹）做出了具体的观测预告。虽然诺维科夫和多里希科维奇都是理论学家，但他们估计了探测到这种预言的微弱信号的可行性。1964 年，他们在《苏维埃物理学进展》上发表了一篇简短的论文，声称阿尔菲、赫尔曼和伽莫夫所预言的微波背景是可以探测到的，并且霍姆德尔的那架灵敏的克劳福德射电望远镜的规格、特性对于用来做出这一发现十分理想。唉，造化弄人，彭齐亚斯和威尔逊自然没有获悉诺维科夫和多里希科维奇的这篇论文。美国与苏联科学家之间的交流在当时并不特别活跃或有效。不仅如此，理论学家、观测者和实验家之间壁垒分明的情况也令人痛心。

在此期间，彭齐亚斯与迪克取得了联系，并请他来看一下霍姆德尔的设备，设法解释这种神秘而持久的嗞嗞声从何而来。迪克把他的整个团队都带来了。迪克在普林斯顿大学的另外两个学生彼得·罗尔和戴维·威尔金森都是实验物理学家，他们当时正在为自己的射电接收器做最后的收尾工作。这架接收器将用于搜寻皮伯斯预言的宇宙微波背景辐射。在皮伯斯给出理论计算和预言之后，迪克的团队就致力于寻找这种原初信号。宇宙微波背景辐射是宇宙中的罗塞塔石碑[1]，是对破译宇宙起源之谜至关重要的信号。不难想象，迪克在看着彭齐亚斯和威尔逊的数据时必定百感交集：为他们的重大发现而感到欢欣鼓舞，但同时又对于他和他的团队在仅一步之遥就快要亲自探测到的时候被抢占了先机而深感失望。他立即确信彭齐亚斯和威尔逊探测到的这种信号正是宇宙微波背景辐射，而这就是热大爆炸模型的确凿证据。然而，彭齐亚斯和威尔逊却由于这种模型与稳态模型之间的激烈争议而对这种模型以及宇宙学总体持怀疑态度。他们决定在一篇论文中给出他们的实验发现，而对于其理论含义不进行任何讨论。尽管他们对热大爆炸模型并不十分感兴趣，但是在不将自己与一种在他们头脑中尚属尝试性的模型明晰地联系在一起的情况下，他们还是很乐意报道他们的这些发现的。此外，对于为人谨慎的威尔逊而言，稳态模型仍然有其吸引力，因此他觉得既然他们只有一个数据点，那么除了发表观测结果外，最好不要就模型进行任何讨论。他们的探测为预言的宇宙微波背景辐射的平滑黑体辐射曲线提供了一个数据点，也就是第一个数据点。

因此根据约定，这两个团队背靠背地各自发表了两篇独立的论文：一篇是彭齐亚斯和威尔逊报告这项发现和数据，另一篇则是迪克及其合作者们解释宇宙微波背景辐射是大爆炸残留的辐射。具有讽刺意味的是，正是迪克获得专利的发明之一——辐射计才使得宇宙微波背景辐射的探测成为可能。他的这种安装在克劳福德射电望

---

[1]　罗塞塔石碑是1799年在埃及港口城市罗塞塔发现的一块刻有古埃及国王托勒密五世登基诏书的石碑，制作于公元前196年。石碑上用3种文字刻下了同样的内容，因此考古学家对照各语言版本的内容后，解读出了已经失传千余年的埃及象形文字的意义与结构，成为研究古埃及历史的重要里程碑。——译注

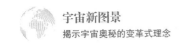

宇宙新图景
揭示宇宙奥秘的变革式理念

宇宙新图景
揭示宇宙奥秘的变革式理念

远镜上的装置利用精巧的电子电路来将极端微弱的射电信号从本底中分离出来，从而探测到它们。无论是从理论的观点来看还是从实验的观点来看，迪克都距离做出非凡的发现仅有咫尺之遥。1978年，彭齐亚斯和威尔森由于他们意外发现了来自宇宙创生时刻的残余辐射而获得了诺贝尔奖。无疑，假如迪克当时知道阿尔菲和赫尔曼以前的工作，那么他也许会更早开始搜寻宇宙微波背景辐射，也就有可能分享诺贝尔奖了。

在那个决定命运的星期五，即1965年3月26日，当这两个工作地点相距不到30千米的团队最终相遇时，所有团队成员都对麦凯勒或阿尔菲和赫尔曼早先发表过的关于宇宙微波背景辐射的计算一无所知。反事实的推测总会激发人们的兴趣，而探索这样的假定分析也令人激动。宇宙微波背景辐射的发现无疑是一个明确的例子，说明即使微小的差别也会使许多人的生活发生完全不同的转变。从知识方面来讲，假如发现得更早一点儿，热大爆炸模型就会更快得到确立，从而结束与稳态模型的反复争斗。从个人方面来见，获得终极荣誉——诺贝尔奖的也可能是完全不同的另一群精英。

彭齐亚斯和威尔逊发表在1965年7月1日的《天体物理学杂志》上的那篇仅一页篇幅的论文《在4080兆赫上测得的过余天线温度》（*A Measurement of Excess Antenna Temperature at 4080 Mc/s*）虽然标题平淡无奇，但其中报告的却是20世纪最重要的突破之一[1]。随着宣告发现了宇宙微波背景辐射，再加上迪克及其合作者们随之发表的解释论文，天文学家和天体物理学家们对于热大爆炸模型的看法

---

[1] 玛西亚·巴图夏克，《宇宙档案：改变我们对宇宙理解的100个发现》，第508页。——原注

几乎在一夜间逆转。虽然迪克将宇宙微波背景辐射解释为残余辐射，但他从感情上拥护的并非大爆炸模型。众人皆知，他偏爱的是一种振荡宇宙，即 20 世纪 30 年代由加州理工学院的宇宙学家理查德·托尔曼提出的热大爆炸模型的一种变形。因为他认为讨论一个假定是在某个瞬时无中生有的宇宙，这在哲学上很成问题。由于在振荡宇宙模型中加热和冷却是阵发性的，因此它就与从一个炽热、致密的状态开始发生膨胀的周期起点所产生的宇宙微波背景辐射情况相容。

围绕着这项非凡发现的激奋情绪显而易见，《天体物理学杂志》向新闻媒体透露了关于宇宙微波背景辐射探测的新闻。1965 年 5 月 21 日，它出现在《纽约时报》头版头条：《暗示"大爆炸"宇宙的信号》（ Signals Imply a 'Big Bang' Universe ）。尽管迪克对于宇宙膨胀、对于星系正在以哈勃曾观测到的方式彼此飞离都能泰然处之，但是他更愿意它们最终还是会再重新回到一起。科学作家沃尔特·苏利文报道："迪克等人想要看到振荡宇宙大获全胜。"正如我们在前文中讨论过的，尤其是在爱因斯坦的例子中，有些人可能很难逃离某些科学理念的感情掌控。也许是迪克对于振荡宇宙的依恋令他敛足，没有能让他更早、更坚持不懈地去寻找我们现在理解为确证热大爆炸模型的关键证据。对于怀疑宇宙学的威尔逊而言，这个故事出现在《纽约时报》的头版就是一条明证，说明全世界确实是在严肃对待他和彭齐亚斯的宇宙微波背景辐射这一发现。他是正确的，宇宙学正在渐渐成熟起来，从一个推测性的、空泛的学科脱胎而出，成为一门其理论能够通过测量来获得证实和检验的学科。

宇宙微波背景辐射的发现，是天体物理学中对于如何分配功劳产生了大量遗憾不满和辛酸失望的例子之一。阿尔菲和赫尔曼做出了最初的预言（尽管稍有偏离），因此感觉他们确实被遗漏了。他们从未得到过任何认可。我还是要重申，这部分可归咎于他们选择了将论文发表在《美国国家科学院论文集》上，而这不是一份天文学家和物理学家们通常阅读或惯常投稿发表论文的杂志。正如我们在勒梅特的情况中看到的，他将一个关于宇宙膨胀的突破性结果发表在一份鲜为人知的杂志上，这大大阻碍了它得到散播和接受。论文发表在整个天文界认可和阅读的杂志上，这种做法当时对这种新研究得到更广泛的传播起到了至关重要的作用。虽然天文学已被专门化为各个分支领域，但这个天文学界还是尊重并阅读一批公认发表渠道的出版物。不管怎么说，阿尔菲和赫尔曼对于迪克的团队不知道他们早先的研究工作感到极为沮丧。特别是《物理学评论》杂志拒绝了皮伯斯关于新计算的论文，原因是学术成就浅薄，因为其中没有引用早前的工作。阿尔菲说道："吉姆·皮伯斯知道我们的工作，除非他迟钝到了令人难以置信的程度。"他还进一步提出："在迪克、皮伯斯、罗尔、威尔金斯 1965 年发表论文之前很久，皮伯斯就从我们这里得到过我们对他那篇关于宇宙微波背景辐射的论文所撰写的两篇评论文章。"而事实表明，原来阿尔菲和赫尔曼就是拒绝皮伯斯那篇论文的审稿人。至于迪克，显然他对阿尔菲的辩解是，他自己的研究工作也在其他一些情况下遭到了类似的忽视，因此这在业内是最寻常不过的事情。阿尔菲对于这种解释表示不满，他认为迪克的那种以普林斯顿为中心的态度的本质用意就是"假如它不是在这里发明的，那就发明不了"。意在补偿，皮伯斯和威尔金斯在《科学美国人》上发表了一篇文章，向伽莫夫、阿尔菲和赫尔曼的早期理论工作正式致谢，不过在彭齐亚斯和威尔森的眼中，这篇论文对实验探测没有给予足够的功劳，而这令霍姆德尔的这两位忿忿不平[1]。发现宇宙微波背景辐射的功劳归属之争给3位关键的早期选手伽莫夫、阿尔菲和赫尔曼留下了深深的创伤。数十年后出现了一些尝试对此做出补偿的努力。2005年，乔治·W.布什总统授予阿尔菲美国国家科学奖章，这是美国平民能够得到的最高荣誉之一，嘉奖"他在核合成领域中做出的前所未有的研究工作，预言了宇宙大爆炸后留下的背景辐射，并且为大爆炸理论提供了模型"。他终于获得了他应得的肯定。在2007年7月27日举行的颁奖典礼上，他的儿子维克托·S.阿尔菲博士代表他领奖[2]。阿尔菲在仅仅几个星期之后就去世了，享年86岁。另一方面，伽莫夫于1986年就已去世，他在生前因在早期宇宙方面的工作没有得到公认而牢骚满腹。他是宇宙微波背景辐射这个故事中的悲情英雄之一。

　　在宇宙微波背景辐射发现之前，物理学界既没有接受稳态理论，也不接受热大爆炸理论。稳态理论声称物质在连续不断地被创造出来，以此来抵偿宇宙膨胀，因此宇宙自始至终看起来都是一样的，既没有开端也没有终结。这两种理论都存在着各自的漏洞（还有一些大裂缝），但宇宙微波背景辐射的发现完全转变了对它们的评价。大爆炸理论预言了这种残余辐射，而稳态理论对此既没有做出预言，也无法在它一旦被发现后做出解释。在彭齐亚斯和威尔森的发现之

[1]　1983年8月12日马丁·哈维特对拉尔夫·阿尔菲和罗伯特·赫尔曼的访谈，美国物理学会尼尔斯·玻尔图书馆及档案馆；马瑟和博斯劳，《第一缕光》，第39~49及61~62页。——原注
[2]　总统授予拉尔夫·A.阿尔菲美国国家科学奖章的嘉奖令，美国国家科学基金会。——原注

后不出两年时间，稳态理论就已完全失宠了，虽然霍伊尔和其他一些忠实支持者还在继续试图将宇宙微波背景辐射纳入这一模型的几种改进版本。他们最终并没能成功，因此宇宙微波背景辐射就是导致稳态理论最后崩塌的关键经验证据。

在探测到宇宙微波背景辐射以后，下一步工作是要测量——更为详细的探究，并用数据来填充预言的黑体辐射曲线。由于这种宇宙残余辐射是一种黑体，因此它的波谱（即描述总能量在一段波长范围内如何分布的曲线的形状）在理论上是我们所熟知的。为了检验宇宙微波背景辐射是否确实符合黑体辐射曲线，这就需要对数个波段分别进行独立测量。超越单纯的探测和发现，超越第一个唯一数据点去做仔细测量的时候到了。对宇宙微波背景辐射进行明确的、精准的测量需要新的、更加精密的工具。一旦宇宙微波背景辐射是大爆炸残余的理念被完全接受，那么考虑到对它所预期的黑体辐射形式，就可以进行大量详细的、可检验的理论计算了。这些计算又转而大大强化了大爆炸这一事实，并对早期宇宙提供了更深层次的理解。宇宙微波背景辐射中的辐射能量超过了所有星系中全部星光的辐射总和，并占据了宇宙中全部辐射的99%。

尽管拥有这种成功的早期宇宙模型构造，但伽莫夫的终极问题——较重的那些化学元素是如何形成的——仍然没有得到解答。如今我们已经清楚了，随着膨胀开始，创世的那个致密火球——制造出物质和辐射汤的"爆炸"——也开始冷却。辐射在这一时期凌驾于物质之上而占主导地位，光子数量大大超过任何其他种类的粒子数量。夸克最先聚合起来构成质子和中子，然后在短短的前3分钟内，中子和质子开始通过核聚变形成氦、氘和锂。由于核聚变需要非常高的温度和密度（这是我们无法在实验室中重复出这种反应的限制因素之），因此一旦宇宙冷却到某一特定温度以下，这种过程就停止了，从而扼止了任何重元素的进一步形成。原初宇宙中不可能形成任何比锂（周期表中原子序数为 3 的元素）更重的元素。事实上，这正是伽莫夫、阿尔菲和赫尔曼在他们的计算中遗漏的窍门：每种比锂重的自然产生的元素都是在自然界的聚变反应堆——恒星内部制造出来的，那是在宇宙年龄大得多的时候产生的，而不是在原初火球中产生的。

在大爆炸发生后的 38 万年左右，带正电的原子核开始与电子结合，形成电中性的原子。原子的产生使物质和辐射能够分开，并开始在宇宙中分别演化。我们将物质和辐射的这种分离称为"退耦"。没有了辐射所施加的压强，物质就开始由于引力而成团，从而形成我们今天看到的恒星和星系。辐射的第一次大逃逸就是我们在宇宙微波背景辐射中所看到的。因此，充斥着整个宇宙的微波背景辐射就是宇宙开端 38 万年后的状况的一张快照。来自 COBE 卫星的观测数据证实，宇宙在退耦时期是一个近乎完美的黑体。这颗卫星对宇宙微波背景辐射中的极小变化进行了仔细测量，为说明充满着暗物质的星系如何在我们的宇宙中形成和演化的那些理论提供了进一步的支持。宇宙微波背景辐射在到达我们之前的一路上渗透到了所有的星系及其他结构之中，而其温度（事实上是这种辐射的极微小变化，即在整个天空中存在着的百万分之一度的微小差异）中就封存着关于它们的信息。

彭齐亚斯和威尔森的发现一经发表，在其他波段上测量宇宙微波背景辐射、画出完整的黑体辐射曲线的竞赛就郑重其事地开始了。

到 20 世纪 70 年代后期，这已是一个热门的研究课题，多家研究机构的实验家们都发射了气球，用以研究这种辐射，并力图避开地球大气的影响，因为地球大气从本质上遮挡了某些频率。例如，伯克利的一个团队致力于在 2 毫米或以下的短波段进行测量，从而能够有助于识别宇宙微波背景辐射的形状，并确定它是一个精确的黑体还是仅仅近似于黑体。探测这一频率范围所需的气球实验难以进行，实验装置极易损坏，每个气球都是用厚度不到 1/40 毫米的塑料制成，轻易就会被撕裂。这些气球必须充满氦气，在其底部附上测量所用的探测器，然后再放飞。当然，这还不是全部。一旦升空后，所有的中继电子装置都必须运转，测量数据则需要定向下传到地面以供分析。大西洋彼岸也有一些竞争对手，20 世纪 70 年代还有一个大本营在玛丽王后学院的英国团队也在研究将辐射计附在气球上的类似测量。这在当时是一场激烈的追逐赛。

对宇宙微波背景辐射的发现起到催化作用的仪器是迪克的辐射计。他意识到在电路中，热量在电阻上产生的噪声是电阻温度的一种直接量度，从而研究出了辐射计的基本原理。因此，将这样一个仪器放置在一个密闭空腔内，而空腔带有一根用于捕获外来辐射的天线，研究者就得到了一个灵敏的温度计。只要简单地观察电阻的温度，就可以测量出与电阻连接并匹配的"天线温度"[1]。在第二次世界大战中，在对无线电装置所产生的兴趣的刺激下，制造出了 1946 年的那一型辐射计。20 世纪六七十年代宇宙微波背景辐射气球实验中所装载的就是对此原型改进后的仪器。不过，人们渐渐开始清楚，

---

[1]　　R. H. 迪克的《微波频段的热辐射测量》（*The Measurement of Thermal Radiation at Microwave Frequencies*）提供了细节情况，刊于《科学仪器评论》（*Review of Scientific Instruments*），第17卷，1946年第7期，第268~275页。——原注

探测整个黑体辐射谱是必要的，而且这项任务最好是从太空中来实现，即远离地球大气所导致的那些棘手的混淆因素。用一颗卫星来描绘宇宙微波背景辐射分布，其推动力是这样开始的：美国国家航空航天局宣布了一个意向，马瑟等人对此做出响应，于 1974 年提议建造 COBE。"自由号"卫星从 1970 年 12 月至 1973 年 3 月持续执行任务。这颗卫星的成功发射、部署和数据收集为空间 X 射线观测积累了经验，在此鼓舞下，一些朝向太空的更新的窗口打开了——在本例中是微波窗口。

彭齐亚斯和威尔森探测到了宇宙微波背景辐射，随后许多其他团队用气球实验和别的地面探测器对此做出确证，这些都为大爆炸理论提供了有力的证明。在过去的 26 年间，自从 COBE 卫星使精确测量首次成为可能以来，威尔金森微波各向异性探测器（Wilkinson Microwave Anisotrope Probe，缩写为 WMAP，以迪克的学生威尔金森的名字命名，他在 2002 年出人意料地去世了）和欧洲的普朗克卫星（Planck Satellite，为纪念德国物理学家马克斯·普朗克而命名，这项任务最近刚刚结束）通过测量宇宙在其微波背景辐射上留下的不可磨灭的印记，确定了宇宙的更大图景。

这些新的结果远远超越了证实热大爆炸模型，直至检验各种基本粒子模型和宇宙中的结构形成整体范式。关于宇宙中所有结构的形成，目前为人们所接受的理论依据的是甚早期宇宙物质分布中的微小起伏的增长。在我们这个由暗物质主导的宇宙中，引力放大了这些微小的初始起伏或扰动，从而产生了质量团块，而这些最终主导了第一批恒星和第一批信息的形成。物质成团，随后并合，构成星系，这个过程在宇宙微波背景辐射中留下了一种印记。与在百万分之一这样极其微小水平上的温度变化有关的是，宇宙微波背景辐射在今天到达我们之前的漫长旅程中所遇到的所有物质。紧跟在COBE之后的那些任务以很高的精度探测并测量了这些由热点和冷点构成的异常微小的分布模式。除了这种斑斑驳驳的分布模式之外，宇宙微波背景辐射还有好几种其他识别标志也证明了它的原初起源。我们现在谈论的是最小的那些变化。宇宙微波背景辐射极其均匀，因此天空中的任意两个对立点之间的温度差异都只会出现在小数点后第五位及更后面。物理学家丹尼斯·夏马预言，由于地球通过宇宙背景辐射的运动，多普勒频移（和我们在描述哈勃的研究工作中曾讨论过的声音和光的多普勒效应一样）的效果会使这种辐射的温度在朝着我们运动的方向上显得稍高一点儿——大约千分之一的数量级。反过来，温度在相反方向（即与我们的运动方向相反）上会稍低一点儿。因此，在温度分布中存在着可以预测的偏离均匀的情况。从某种程度上说，这使人隐隐觉得以太概念的存在，人们曾假设地球和太阳系都是穿过以太而运动的。宇宙微波背景辐射可以被认为是充满整个宇宙的以太。由于地球的运动而在整个天空中出现的特定温度变化被称为"偶极各向异性"。即使在 20 世纪 70 年代末，要探测这种偶极存在的证据也极具挑战性，因为当时最尖端的技术就是地面望远镜和气球。地球的运动需要进行可靠的测量，因为只有这样，导致非均匀性的其他来源（它们是整个宇宙学大厦进一步确立的关键）才能观察得到。

美国国家航空航天局号召科学家们提出空间实验的建议，且采纳了马瑟的提议，马瑟的 COBE 卫星登场了。开发和使用技术先进的仪器设备与需要去验证的理论的复杂性密切相关。我们现在在宇宙中看到的星系，最终导致关于其结构形成的各种详细理论都是在这个时期发展起来的。物理学家雅可夫·泽尔多维奇和罗伯特·哈里森分别独立做出预言：在冷暗物质主导的结构形成过程中产生了微小的物质起伏，而当宇宙微波背景辐射光子在穿越宇宙的旅程中遇到这些起伏时，就会给这些光子留下痕迹。当宇宙微波背景辐射潜行通过正在聚合形成的星系时，就会造成宇宙微波背景辐射温度的微小起伏。这些理论计算现在都可以在皮伯斯建立的框架内拓展到更高精度。因此，一旦这种冷暗物质范式得到夯实，就能够做出更加精密复杂和可以验证的预言。数值模拟可用于计算宇宙微波背景辐射温度的微小变化，于是利用这些数值模拟就有可能去描绘物质（既包括暗物质也包括普通物质）演化的全部复杂特征及其与穿越而过的光子之间的相互作用。在观察测量的协同作用下，模拟再次成为辨别和验证各种模型的一种不可或缺的、强大的工具。要从卫星数据给出解释，我们需要用到模型。而要从模型出发做出高精度的预言，事实证明，除了暗物质以外，计算机的计算能力也是至关重要的。

装载在COBE卫星上的那些灵敏仪器首次测得了宇宙微波背景辐射温度的这些微小变化，即它在穿越宇宙的旅程中与物质相遇而留下的痕迹。我还清晰地记得COBE上装载的差动微波辐射计的主要研究者乔治·斯穆特在1989年的一次研讨会上介绍他们的成果，当时我还是麻省理工学院的一名本科生，坐在狭小而又挤得水泄不通的阶梯教室里。这些结果令人肃然起敬。来自COBE的数据点如此完美地勾绘出黑体的光滑曲线，以至于曲线上的测量误差比打印机再现出的叠画在其形状之上的图线宽度更小。物理学家们喜出望

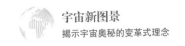

外，而世界上的主要报刊也都以欢欣鼓舞的头版头条报道了这项发现。例如《纽约时报》上这条新闻的标题是《科学家们就时间如何开始给出深刻见解》，伦敦《独立报》（Independent）上刊登的标题是"宇宙是如何开始的"[1]。

宇宙学以前在确定宇宙的那些关键特征（例如宇宙的年龄和哈勃常数）时，一直被巨大的不确定性所困扰，而随着宇宙微波背景辐射的探测及其后续测量，宇宙学开始成为一门精确科学。在COBE任务及最近来自WMAP和普朗克卫星的后续测量出现之前，与物理学中其他在定量方面更为成熟的分支（例如粒子物理中直至小数点后第14位的高精度测量都司空见惯）相比，宇宙学一直有着推测性的名声。COBE标志着一个具有高精度测量的精确宇宙学新时代，而宇宙学也因此最终成为了一门受尊敬的科学。到这个时候，即20世纪八九十年代，理论和观测之间的协同配合也大大增加了。

当然，科学家们不可能把宇宙现象当作实验室样本那样去操作。尽管有着这种无法实施可控实验的基本局限性，但是依靠对宇宙微波背景辐射的测量，宇宙学还是赢得了作为一门定量科学的合法地位。这些测量以史无前例的精度导致我们对早期宇宙的知识激增，并且其精度随着每一次后续空间计划而日益提高。2001年发射的WMAP的仪器分辨率比COBE提高了30倍，而普朗克卫星（2009年发射）的分辨率比WMAP又高了2.5倍，并且在许多频段都具有

---

[1] 约翰·诺布尔·维尔福德，《科学家们就时间如何开始给出深刻见解》（Scientists Report Profound Insight on How Time Began），刊于《纽约时报》，1992年4月24日；另请参见R. C. 史密斯，《论文综述：COBE的意义》（Essay Review: The Significance of COBE），刊于《当代物理学》（Contemporary Physics），第35卷，1994年第3期，第213~215页。——原注

更高的灵敏度。随着普朗克卫星数据的到来，对于物质和辐射在宇宙历史进程中如何发生相互作用的微妙方式，我们的理解会继续显著加深。宇宙微波背景辐射探测领域当前的前沿是其偏振模式研究。偏振是可以在不止一个方向上振动的波的一种性质。光就是这样的一种波，因此具有偏振性。

你也许曾遇见过用偏振滤波片来使一个灯泡消失的戏法。将偏振片举起对着光，我们会清晰地看见一个明亮发光的灯泡，但是将偏振片转过90°，这些光就消失了，因此灯泡也就再也看不见了，沿一个方向偏振的那些光被完全阻挡了。即使在 X 射线和微波中也能看到偏振现象。不可思议的是，宇宙微波背景辐射的偏振模式是可以测量的，而这正是目前处于研究前沿的观测挑战。测量这种烙印下的模式就可以告诉我们更多关于早期宇宙的信息。

正如我们在前文中讨论过的，新的理念和问题需要新的工具和仪器，随后这些工具和仪器日益纯熟。对宇宙微波背景辐射执行这些越来越精密的测量需要特定的技巧和专门知识，这对宇宙学的专业结构和日常实践造成了影响。正如科学史学家彼得·盖里森指出的，粒子物理学中的劳动分工创造出一些新的、专业的"交易区"，而"交易区"又重新划定了专门知识。在宇宙学的例子中，宇宙微波背景辐射方面的研究在理论、仪器和实验之间创造出一个交易区。这些宇宙微波背景辐射研究任务要取得成果，需要 3 个截然不同的团体通力合作——建造仪器的工程师、收集测量数据的科学家和解释这些数据的理论学家。这一切都起始于在麻省理工学院辐射实验室工作的迪克等人。这个实验室本身就是一个非凡的交易区，无论是从知识创造方面来说还是从它作为一个物理空间的角度来说都是如此。

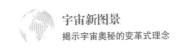
在这一空间里以前彼此隔绝的各部分之间发生了交互沟通。正如我们在前文中提到过的，20世纪八九十年代对于宇宙学而言，标志着一个独特的知识阶段，其中各种仪器的出现推动了研究中的劳动分工。盖里森提出，交易区的存在不仅改变了科学实践，还改变了如何做出新的科学断言的方式，以及改变了由此出现的各种争议的本质[1]。

技术造就了精密程度，这就意味着提出论点和遭受阻力不能再简化为理念的冲突。宇宙学的情况也是如此，而这也解释了为什么我们在本章中遇到的这些来自科学界内部的阻力与黑洞或膨胀宇宙理念的情况具有如此根本的差异。在黑洞的例子中牵涉到钱德拉和爱丁顿之间的对峙，而在膨胀宇宙理念的例子中，我们看到的是爱因斯坦最终向哈勃的观测数据让步。

到了20世纪90年代，一个游离于学术研究领域之外的专利局职员被公认为科学奇才的情况就很难出现了。科学家们如今都是一支专业骨干队伍的组成部分，而且受训成为其中一员的必由之路在20世纪的进程中已经标准化了。惊讶和好奇的个人感觉如今已被大型团队成员间分配的零碎工作所驾驭。不过科学知识产生方式的这种结构变化决不是争议或分歧的终结，相反，只是它们的表述方式和解决方式与以往不同了。如今的斗争是围绕细节展开的：数据的处理、校准，还有研究者们是否恰当地考虑了所有可能影响测量数据的各种误差来源。由于所有这些工作都是在团队中执行的，因此各合作团队之间的冲突就呈现一种更为程式化的对抗形式，不过名

[1] 彼得·盖里森，《图像与逻辑：微观物理学的物质文化》（*Image and Logic: A Material Culture of Microphysics*, Chicago: University of Chicago Press, 1997），第46、830页。——原注

声、功劳和荣誉仍然是利害攸关的东西。

　　例如，让我们来考虑最近在宇宙微波背景辐射偏振测量中出现的争论。WMAP 观察到了偏振的第一批线索。于是我们就需要更加精确地确定这种信号的强度和含义，而这就要考虑到可能造成这一测定落空的所有误差来源。宇宙泛星系偏振背景成像（Background Imaging of Cosmic Extragalactic Polarization，BICEP）团队在南极用一架射电望远镜对宇宙微波背景辐射的偏振进行了精确测量。他们于 2014 年 3 月宣布了这项激动人心的发现。他们召开了一次新闻发布会，报告他们以极高的置信度测量到了这种信号。但是在宇宙微波背景辐射中看到的涡旋形偏振模式可能会轻易地受到它在银河系中遇到的尘埃的影响，宇宙微波背景辐射在被测量之前会穿过银河系中的尘埃这道最后的滤网。对于 BICEP 团队如何校正这种尘埃带来的混淆作用，科学界的其余人士提出了强烈的反对意见。大家对这个团队如何描述这种银河系尘埃的性质及其对测得的偏振的影响表示怀疑，其中尤其是来自普林斯顿的理论学家们的异议。普林斯顿有迪克的遗产作为基础，因此仍然是宇宙微波背景辐射科学的大本营。理解尘埃的效应对于确立偏振信号的起源（它是来源于原始宇宙还是仅仅是银河系尘埃留下的痕迹）是至关重要的。在如今这个全球各地都相互联系的世界里，这一争论和质疑完全暴露在公众视野之中。这是宇宙学接受审判的新场所。正如我们已经看到的，过去常常在专门召集起来的各种大大小小的会议上、在紧闭的大门之后这样的安全环境中发生的所有质疑，现在都在互联网和社交媒体上以一种未经管制的、无组织的形式搬上了舞台。从前的问题是在专家之中进行裁定的，他们经过深思熟虑后达到并提出一个共同

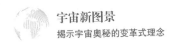

观点，而我们在前几章中看到过的这种完整发展过程如今都好像发生在透明的鱼缸里，科学过程的凌乱状态会暴露无遗。这种新发展对于知识的严谨是有利还是有弊，宇宙学家团体内部出现了意见分歧。当然，在 BICEP 这个例子中，来自普朗克卫星的更多、更好的数据平息了争端。BICEP 的实验也确实高估了他们对偏振测量可信度的计算。可以说魔鬼就躲在尘埃中，在这个例子中是躲在系统误差的细节之中，而这些系统误差是在估算导致虚假信号的尘埃作用时产生的[1]。

我相信这种开放式讨论和公开评论是一件好事，它为科学应如何运作开启了窗口，从而摧毁了科学研究是取得关于自然界的确定真理的一种纯正的、客观的方法这一不真实的形象。这明示了科学理论都是暂时性的，而科学家们作为一个团体去仔细检查任何新的断言及其可重复性。这还说明了评估和接受新的、变革性的科学理念的过程现今已发生了根本性的变化。

---

[1]　关于BICEP的冒险故事，可以在普里亚姆瓦达·那塔拉印和拉维·赞克里特的《科学最前沿的内场位》（*Ringside Seat at the Cutting Edge of Science*）中找到更长的叙述，刊于《耶鲁全球在线》（*Yale Global Online*），2014年6月12日。——原注

第7章 新的现实以及对于其他世界的探索

当埃德温·哈勃在那些寒冷无云的夜晚通过威尔逊山上的那架望远镜收集数据时，他对于自己的洞见会永远转变我们对于宇宙的认识还几乎一无所知。而当阿诺·彭齐亚斯和罗伯特·威尔逊在设法去除他们的那架射电望远镜上挥之不去的咝咝声时，他们还完全不知道自己已探测到了从大爆炸传来的残余辐射。

我在本书中所考虑的这些发现彻底革新了我们对于宇宙以及我们自己在其中的位置的观念。在它们的催化下，科学实践作为人类的一种知识活动也发生了根本的转变。随着宇宙学中的那些变革性理念从诞生开始逐步发展到被接受，我们看到了关于发现的那些争论如何不再发生在个人之间。如今科学概念要突破重围而获得接受，沿途所遭遇的障碍与以往略有不同。现在的竞争在很大程度上是在探究前沿科学问题的大型团队之间展开的。尽管证据和数据推动着科学认知，但意外发现和具有学术影响力的个人还在继续发挥着作用。不过，单独的一个人再也不可能迫使一种新理念得到接受或抵制。

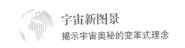

个人也许会具有影响力，因为科学的组织形式仍然多少有几分论资排辈，但我的观点是，即使与 20 年前相比，如今知识力量和其支配作用的影响在全球各地的研究机构中有更为均匀的分布了。

无论是在科学家如何构思出有创造性的理念的过程中还是在其他人如何质疑或接受这些理念的过程中，主观性和感情投资仍然很重要。科学从来都是一种充满着个人激情和好奇的活动，而这一点并未发生变化。科学的形象是一种从自然界中萃取那些固定不变的真相的方法，而我想要展示的与此相反，它是动态的，只提供从现在往前的地图，而这幅地图本质上就是临时性的。没有它，我们就会失去方向，但由于它所指向的是未知领域，因此最多只告知了我们是从何处开始的，以及还有什么仍是我们所未知的以及尚未在地图上标明的。20 世纪宇宙学中发生的那些纷争揭示了科学的深刻心理层面——探究自然界以及探究我们的思维不可避免地强加在我们的理解上的局限性的驱动力。

在宇宙学过去的百年间，科学家们处理的那些问题类型和知识探索的主旨都已经发生了根本性的转变。杰出的深刻见解所带来的个人成功让位于更加有组织的集体努力，而参与这些集体努力的是各种技术的、细分的专业知识领域。例如，1989 年用于测量宇宙微波背景辐射的 COBE 卫星，其设计和发射所需要的技术和专门知识就与 40 年前理论学家们首次预言宇宙微波背景辐射存在时所需要的知识迥然不同。如今尚待解决的那些问题都复杂到令人难以置信的程度，而且我们被淹没在数据之中，因此需要各种不同团队的努力来破解它们。到 20 世纪 90 年代人们在开展大规模超新星自动搜索时，源源涌入的、需要分析的数据量已经呈指数式增长。当前的挑战不仅仅是数据的量，还有数据积累的速度。与此同时，幸亏有了硬件和软件方面的的进步，我们对这些数据洪流进行模拟和解释的计算能力也得到了极大的提升。其结果是，天文学一直处在掀起大数据革命的前沿。正如我们已经看到的，数值模拟这种新方法在理论研究和观测工作之间的清晰分水岭上架起了桥梁。如今各研究团队都是由理论学家、观测专家、数值模拟专家和工程师构成的，专业分科之间各自为政的状态在很大程度上已成为历史，各种理念与仪器的交合比以往更强劲。

不过与地图不同，人类的思维能力却不受任何限制。科学持续不断地强化着人类的好奇心，并且反过来也受到人类好奇心的驱动。研究工作作为一种求索，激励着人们不断对现状提出质疑。反叛者是会得到奖励的，这些持异议者发起挑战，并且能够为一种世界观的改变用支持这种转变的论据来给出一个具有说服力的实例。优秀的科学家们不会认为有什么是理所当然的。假如有一位科学家用当前所公认的某种理念、模型或概念发现了一个问题，而且他能表明有迹象支持一个新的断言，那么科学界的其余人就会最终予以关注，并重新斟酌他们的想法与立场，正如读者在本书中至此一直看到的。这是研究工作的标志之一——质疑和理解的不断拓展。由于好奇和怀疑为科学事业提供了动力，因此我们想理解自己在宇宙中的位置这一探索过程还远未终结，这就不足为奇了。如今天文学和宇宙学正在处理的有两个多少有点儿相互联系的、引人注目的问题。这两个问题都有着一种存在主义的意味，并且它们都涉及我们的独特性：作为一个物种，我们是否具有特殊性，以及我们的宇宙作为一个整体是否只不过是一个统计上的巧合？处于这两个问题中心的是

我们的深切渴望：识别出我们在宇宙背景下的位置、我们在这幅浩瀚地图上的位置和印迹。

在理论和观测这两大领域中，宇宙学一直在处理并成功地解答了钱德拉、爱丁顿、爱因斯坦和哈勃在 20 世纪前半叶所面对的一些重大问题。现在我们对于宇宙的知识——它的成分及命运——比以往任何时候都更加推动着我们去检验人类是否存在着独一无二之处？在我们这颗浅蓝色的、岩石状的行星上，有情众生只不过是宇宙传奇故事中的异类吗？这是一个迅猛加速的、不固定的宇宙，其中的星系都在彼此漂离得越来越远。当我们接受这样的概念时，我们就敢于推测和思忖是否存在着其他适宜居住的世界，其中生活着其他的生物，更甚之是否还有其他的一些完整宇宙。无边无际的宇宙释放出一种新的胆魄。科幻小说就是不受约束的推测和幻想得以驰骋的典型领域，不过科幻小说的素材正在变得具体和真实。现在的前沿是搜寻其他世界——寻找附近的宜居系外行星，以及寻找非常非常遥远的其他可能宇宙。

我们所累积的关于宇宙的知识——对于我们今天在哪里的理解以及我们如何到达这里的理解——贯穿了当前的这些问题。它们反映出我们对于自己在宇宙中的位置，也标志着我们对于当前知识状况的不适感。迄今为止，这些宇宙发现为我们解开了锚，而科学变化令人眼花缭乱的步伐则使我们无所适从。我们发现自己的重要性在不断下跌，我们只是作为一个物种居中在一颗行星上，而这颗行星只是太阳系中的 8 颗（以前是 9 颗）行星之一，太阳系也只是一个星系中的好几千个恒星系统之一，还有数十亿个这样的星系在彼此越离越远。我们寻找自己的位置这种原初驱动力，是在我们邻近区域寻找宜居行星并推测是否存在其他宇宙的基础。尽管驱动这两个问题的更深层的推动力完全相同，但它们从科学上来说是大相径庭的，因此需要截然不同的方法和进攻路线。

在寻找附近的宜居行星时，虽然科学家们一直希望在我们最邻近的区域找到多种多样的系外行星，但我们特别搜索的还是与地球最为相似的那些。我们希望这些行星是最可能支持生命存在的地方，尤其是我们熟悉的智慧生命。搜寻此类宜居行星的探索正在进行中。美国国家航空航天局的开普勒卫星已出人意料地发回了一大批邻近恒星周围的候选者名单[1]。

我们如今在检验的另一个变革性理念存在于理论和数学领域：多重宇宙。这种观念认为我们的宇宙也许只是由许多宇宙构成的整体中的一个。我们在本书中已经看到，我们的这个宇宙有多么奇异和美妙，它的秘密在过去的几百年间被逐渐揭开。爱因斯坦的场方程组帮助我们阐明了宇宙的形状、成分和命运之间的联系，而过去百年间的天文学观测也已建立了其独特的发展轨迹。我们如今把注意力集中在最符合宇宙学数据的模型解答上，而这一模型有着无休止的加速膨胀。

根据杰出宇宙学家马丁·里斯的阐述，要完全指明宇宙的所有相关性质，我们所需要知道的只有 6 个数字！这是令人惊讶的。我们已经从观测上将它们全部确定下来了。这些被称为宇宙学参数的关键数字是：N，它的数值是 10^{36}，测量的是原子之间的电场力与引力的相对强度；ε，它的数值是 0.007，它定义了原子核之间的结合

---

[1]　美国国家航空航天局的开普勒卫星于2009年3月6日发射，其主要任务是搜索行星。这是第一颗以此为目而设计和发射的卫星。迄今为止，开普勒卫星已发现了超过4000颗系外行星候选者。——原注

强度；Ω（我们在第 4 和 5 章中遇到过），它的数值是 1，测量的是宇宙的质量 – 能量成分；Λ（我们在第 2 和 5 章中遇到过）是宇宙常数，它的数值是 0.7；Ω，它的数值是 10^{-6}，测量的是初始涨落的强度，宇宙中所有恒星和星系的形成都起源于这些涨落；最后还有一个 D，即我们宇宙中的空间维数，它等于 3[1]。

宇宙学参数

参数	定义	测量值
N	原子之间的电场力与引力的比例	10^{36}
ε	原子核之间的结合强度	0.007
Ω	宇宙中的总质量 – 能量成分	1.0
Λ	宇宙学常数	0.7
Q	初始涨落的大小	10^{-6}
D	空间维数	3

假如这些宇宙学参数的值与它们的测量值稍有偏差，哪怕只是相差千分之几，我们就不会存在！没有人类。没有地球。没有宇宙。地球上的生命不可能会出现，我们所知道的关于宇宙的一切都会是不可认知的。例如，只要 N 略小一点点，那么宇宙就会如此短命、如此微小，以至于没有足够的时间进化出地球上最初等生物以外的物种。假如 ε 减小 0.001，那么恒星中就不可能合成出周期表中排在锂以后的元素。我们知道的所有有机生命都不会出现。我们早已看到了 Ω 和 Λ 的不同值分别意味着什么样的命运：宇宙发生挤压或膨胀，在我们的故事开始之前就将其终结。变量 Q 也是恰到好

［1］ 马丁·里斯，《仅6个数：塑造宇宙的深层力量》（*Just Six Numbers: The Deep Forces That Shape the Universe*, New York: Basic Books, 2002），第 1~2 章。——原注

处：如果它再大一点点，那么宇宙就会太汹涌，从而使恒星无法在其中存在；而如果它再小一点点，那么我们看到的所有结构都不可能聚合形成。假如维度 D 是 2 或 4 的话，那么我们所知道的生命也就不会存在。

所有这一切当然都带着一种目的论的气息。这种论调甚至还有一个名字——人择原理，这种哲学主张认为物质宇宙的各项观测数据都应该与存在着有意识的生命这一事实合拍。这也就是说，归根结底就是宇宙学参数的这些精确值才允许我们存在并提出这个问题。很明显的一点是，宇宙没有挑选出以碳为基础的生命单独存在。事实上，有一种更加引人注目的论点说的是，我们这个看来似乎经过微调的宇宙很可能是一种选择性偏差的结果，因为只有一个能够支持生命的宇宙，才可能产生能思考并提出这一疑问的生物。我们能弄清楚为什么这些数字具有它们所具有的这些值吗？尽管你想方设法去更深刻地理解，比如说为什么 Ω 具有它对应我们这个宇宙的特殊值，虽然它实际上几乎可以取任何其他值（比如说 0.001、0.1、10 或者甚至 42），但可想而知你最后得到的必然结论只能是：我们只不过就是恰好居住在一个如现在这样的宇宙之中[1]。

假如只是选择性偏差的话，那么我们就有一个可供我们进行测量的宇宙，因此根据定义，我们就不能坐在其中而总结出为何会这样。不过，让我们的思维再伸展出去，是否转而愿意去考虑这样一种可能性：也许存在着某些宇宙，它们的这 6 个关键参数都具有完全不同的值？在这种情况下，这些宇宙学参数就只会在我们的宇宙中才

[1]　正如道格拉斯·亚当斯的那本备受推崇的经典作品《银河系漫游指南》（*The Hitchhiker's Guide to the Galaxy*）一书的所有书迷都知道的，42是"生命、宇宙及万事万物这一终极问题"的答案。——原注

会具有它们现在的值，而我们的宇宙则会只是许多可能宇宙的一种实现方式，而这些可能的宇宙都具有它们各自宇宙学参数值的组合方式，它们被称为"气泡宇宙"。它们原则上都有可能存在，并共同构成所谓的多重宇宙。这就不可避免地意味着太空中可能存在无限多个气泡宇宙，其中每个都有着其自身的宇宙学参数的一组 6 个值。

倘若我们接受这样的概率论观点——其他具有相关貌似合理程度的可能性也会存在，那么由此直接得到的结论就是：我们所拥有的是这 6 个数的一种特别组合，有无穷多种其他组合也是很有可能实现的。当然这 6 个数的其他值会产生各种截然不同的宇宙，它们有着各种各样的几何结构、奇异的成分和互不相同的命运。这种概率论观点可以使我们在解释这 6 个数为什么要取这些特殊值以及为什么有我们存在的时候，不再需要求助于人择原理，也不必为微调问题提出理由。因此，只要利用我们的宇宙只是所有可能性中的许多实现形式之一——它事实上是无限多重宇宙的一个单一组分，就可以干净利落地规避掉为什么它具有宇宙学参数的这些特殊值的问题。这些可能性中的每一种都可以实现，因此就有可能有无限多个所谓的气泡宇宙在四处漂浮着，它们具有宇宙学参数的其他组合方式，每一个都起始于其自己的大爆炸。

我们如何来测试存在着气泡宇宙这个假设呢？好吧，由于光速有限，因此我们对于自己的宇宙也只能观察到其中的一部分，更不必说可能远在它的范围之外的那些其他宇宙了。距今 10 亿年后，我们的宇宙的可见范围会更大，宇宙的更大部分会进入视野，这是因为比今天的可见边界远 10 亿光年的天体发出的光线会到达地球。倘若即使在 10 亿年后光线都不能提供超过我们的宇宙范围的视野，那么我们怎么可能设想对其他宇宙进行观察和测量呢？

在这个我们能够想象到的最大尺度的假想领域中，诸如多重宇宙之类的概念使新的一类智力挑战凸显出来：我们必须接受一种新解释，但支持它的不是可以直接检验的理论，而是对我们目前公认的那些理论进行外推后得到的各种变体。我们似乎已经达到了科学解释当前的极限，而可以预见到的更加先进的仪器的发明看来也不会克服这一极限。也许我们所需要的是理论概念重建。

不过，这也许是一条根本性的极限。因为从一方面来讲，在它涉及的体制之中，理论的有效性也许完全不可能加以检验。另一方面，让我们从宇宙学的历史中反思一下，1543 年当尼古拉·哥白尼在撰写《天体运行论》时，他可曾预见到我们在 1969 年有能力登上月球并将样本带回地球来研究吗？或者可曾想到 2014 年菲莱探测器会登陆 67P/ 楚留莫夫 – 格拉希门克彗星表面吗？很可能不会。他也不可能预见到摄谱仪和照相机的发明，它们为遥远的宇宙提供了细腻的图像，而这是他甚至不会想象到有可能存在的东西。因此，此刻我们或许还不知道多重宇宙概念是否可以检验，但我们也没有理由认为距今几百年后（如果不是更短时间的话）情况仍然如此。如果我们试图预言未来科学的进程，那就太大了。相反，我们能够也应该做的是听任我们的想象力自由翱翔，看看可能会打开什么丰富的新窗口。

我们如何开始着手在我们已发展起来的物理学和数学框架内用熟悉的解释性术语来处理这个令人气馁的问题？挑战的一部分是要将对大爆炸前的宇宙的描述与我们能够看到和测量的宇宙联系起来。弦论正是努力要做到这一点的物理学分支，它将宇宙中的各种粒子想象成是在大爆炸之前由弦的振荡产生的，这些弦就好似乐器上的弦。设想有一根在张力作用下的小提琴弦，改变张力会产生不同的乐音，而这些乐音可以看作这根弦的激发模式。同样，在弦论中，我们现在探测到的、在宇宙中产生的所有基本粒子都可以概念化为音符，它们是由大爆炸之前就存在的那些基本弦制造出来的。而这些基本弦当然需要受到拨动才会被激发。不过，与小提琴弦的类比只能到此为止了，因为理论上的弦并不固定在任何乐器上！弦论提供了一种数学方法，它使大爆炸前期的计算变得易于处理。目前在宇宙学与弦论交叉领域研究粒子创生问题的科学家们正在热切寻找多重宇宙的可能观测上的识别标志，它们也许是宇宙微波背景辐射中的一些表现反常的涟漪，也许是我们的宇宙与另一个宇宙碰撞的结果。我们期待着在思维理解上发生一次革命性的转变，从而可能在我们的宇宙中揭示出一些可探测、可测量的多重宇宙证据。

回到那 6 个起决定作用的宇宙学参数上来，我们需要记住的是，尽管这些数字可以在多重宇宙的其他部分中具有不同的值，但推定的根据与可行的假设是我们所知道的那些物理定律在任何地方都是不变且站得住脚的，甚至在其他宇宙中也是如此。我们没有任何可信的理由去推测可能存在着这样一些宇宙：它们在完全不同的物理原理的曲调下起舞，并且在那里（比如说）我们所熟悉的那些力也都不复存在。

除了使我们不必求助于人择论点以外，最近对甚早期量子宇宙的理解所取得的进展说明，可能演化出我们这个宇宙的初始条件的过程相当一般，因此很容易就能酝酿出大量其他独立的气泡宇宙。在弦论的一种被称为景观理念的特殊形式中，可以自然地产生许多气泡宇宙。作为一种理论观念和推测，这种形式相当吸引人，不过它同样惹出了一些问题，例如多重宇宙是否是一种可以检验的科学理念。弦论也许会为理解其他气泡宇宙可以如何令人信服地产生提供最终的突破吗？我们只能拭目以待[1]。

回顾一下，短短百年间我们在宇宙学领域取得的进展就足以说明我们有充分理由保持乐观。目前的见解是，过去曾出现过许多大爆炸，因为每一个气泡宇宙都是从它自己的原初火球中出现并开始存在的。也就是说，导致我们的宇宙起源的过程可能以相同的运作方式构成了多重宇宙中的其余气泡宇宙，但对它们的形状、成分和命运却提供了不同的结果。关于这个过程中有什么经验证据可能是我们有能力去收集到的，目前还尚无定论，尽管宇宙学家们正在忙于设法弄明白两个气泡宇宙之间的相互作用和碰撞是否可能留下任何可以探测的信号。现在正在进行的尝试是模拟气泡宇宙的出现、演化和碰撞可能会产生什么后果。我们现在身处悬崖边缘，也许会出现一个概念上的突破，也许我们永远也不会真正知道多重宇宙的理念是否正确，或者我们可能会明白这是永远不可能知道的。

即使我们愿意接受这种概率论观点，从而接受许多其他宇宙的存在，我们对于那6个数各自的允许取值范围仍然一无所知，否则我们就能知道对可能性的整个限制情况了。不过在我看来最吸引人的观点是，除了我们熟悉的那些物理定律以外，其他宇宙可能会允许出现一些新的、不同的物理定律。多重宇宙的概念对认识论提供了一个前所未见的挑战：我们可能需要接受一种全新的解释和证明，

---

[1] W. R. 施特格尔、G. F. R. 埃利斯和U. 柯克纳，《多重宇宙与宇宙学：哲学问题》（*Multiverses and Cosmology: Philosophical Issue*），预印版，最后修改日期为2006年1月19日。——原注

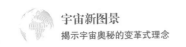

但这种解释和证明也许永远不会涉及直接测量，而是可能要依靠对那些牢固确立的理论进行外推后的形式所进行的一致性检验。我们的宇宙可能会有多么独特，这也许并不是我们有可能很快解决的问题。

不过，要解决另一个自古争论至今的大问题，胜算就比较高了。我认为，我们很可能在相对较短的时间内就会知道我们是不是独自存在于这个宇宙中。让我们从长远观点来看，追溯一下历史：我们从何时以及如何开始接受在我们的宇宙中还存在着除了我们以外的其他世界？这种可能性与我们在本书中遇到过的许多其他情况一样，最初是在尚未成形为一个能够进行科学探究的问题之前，作为一种想象力的飞跃而出现的。想象力常常会为那些值得探究和值得为其寻找证据的理念提供推动力并带来成果。存在着与我们类似的多元世界，这种理念存在的时间至少可以回溯到古希腊人，他们锲而不舍地探索着自然界，在很大程度上为我们目前的知识地图奠定了基础。关于这种猜测现存最古老的一条证据可追溯至公元前4世纪，不过比这更早的讨论也存在着记录。被称为原子论者的伊壁鸠鲁[1]具有一种唯物主义者（原子论者）的世界观，并在一封给著名历史学家希罗多德[2]的信中胆识过人地写到了存在其他世界的可能性："存在着无穷多个世界，有的与我们的世界相似，有的则不相似。因为正如早已证明的，数量为无限多的原子被带往遥远的太空。这些原子的本性决定了它们可以创造或构成一个世界，而一个世界或有

---

[1] 伊壁鸠鲁（公元前341—前270），古希腊哲学家、伊壁鸠鲁学派的创始人，被认为是西方第一个无神论哲学家。——译注
[2] 希罗多德（约公元前480—前425），古希腊作家、历史学家，他把旅行中的所闻所见及第一波斯帝国的历史记录下来，著成《历史》（Ἱστορίαι）一书，成为西方文学史上第一部完整流传下来的散文作品。——译注

限数量的世界都用不完这些原子……因此，关于无限个世界这一点就不存在任何障碍。"[1]

这一断言使人想及更加古老的思索，它源自原子论者之前的古希腊人。宇宙多元论是一种认为除了地球之外还存在着许多（有可能是无穷多个）可能孕育和存在生命的世界的哲学信念。公元前600年，围绕这个问题展开的讨论真正开始了，其中包括前苏格拉底学派的西方哲学之父、米利都的泰勒斯[2]的参与[3]。当时的整个理论辩论不是关于其他世界——我们现在认同为与太阳系相似的那种世界——是否存在，尤其是存在生命的行星是否存在，而是集中在应对宇宙的无限和宇宙的边缘这两个概念上。泰勒斯和他的学生阿那克西曼德（我们在第1章中曾遇到过他）作为早期的科学倡导者，事实上曾提出过一种无限宇宙。原子论者德谟克利特[4]和伊壁鸠鲁也信奉这种观点。在他们之后的柏拉图和亚里士多德[5]则强烈反对这种理念，他们断言地球是独一无二的。亚里士多德的描述与后来的

[1]　伊壁鸠鲁，《写给希罗多德的信》（*Letter to Herodotus*），摘自西里尔·贝利的英译本《伊壁鸠鲁存世遗作》（*Epicurus The Extant Remains*, Oxford: Clarendon, 1926），第45页。——原注
[2]　泰勒斯（约公元前624—前546），古希腊哲学家和科学家，出生于古希腊港口城市米利都，创建了古希腊最早的哲学学派，是西方思想史上第一位有记载的思想家。——译注
[3]　根据伯兰特·罗素的说法，西方哲学起始于泰勒斯。参见《西方哲学史》（*The History of Western Philosophy*, New York: Simon and Schuster, 1945），第15页。——原注
[4]　德谟克利特（公元前460—前370），古希腊唯物主义哲学家，"原子论"的创始者。——译注
[5]　柏拉图（约公元前427—前347），古希腊哲学家，他是苏格拉底（公元前470－前399）的学生、亚里士多德（公元前384—前322）的老师，他们3人被广泛认为是西方哲学的奠基者。——译注

基督教信仰吻合得相当好，因此这就导致了多元论理念被压制了几乎整整 1000 年。不过，以宇宙多元论为主题的传奇故事在中世纪俯拾皆是，并且这种叙述在这个时期的人文想象中也普遍可见。例如，在现今伊朗所在地的好几位伊斯兰学者都想象和推测过这些另类世界。

伊斯兰学者和知识分子法赫尔·阿尔丁·阿尔拉齐的生卒年份为 1149 年到 1209 年，他在《古兰经》的背景下写作了大量关于医药、天文学和物理学的著作。他在《崇高的要求》(*Matalib al-aliya*)一书中描述了他的物理世界模型。他在书中批评了地心说观点，并探索了除我们的世界之外还存在着许多截然不同的世界的观念。他对一篇《古兰经》诗篇中的"世界"一词的解释提出了质疑，并推测它是指在宇宙内部存在着多重世界还是指宇宙以外的许多其他世界。亚里士多德认为只有单一宇宙和单一世界，万事万物都围绕着这个世界旋转，而阿尔拉齐对这种概念提出了挑战。他对地心说的排斥起源于他对原子论的信仰，根据这种理论，原子在空无一物的空间中持续不断地移动、结合和分离。当时希腊世界和伊斯兰世界之间正在发生知识交换和转移，因此阿尔拉齐知道原子论也不足为奇。他还讨论了空洞的概念——宇宙中恒星之间和星座之间空无一物的空间，这些空洞中包含着非常少的恒星或几乎没有恒星。他还提出在已知的世界之外还存在着无限的外部空间，上帝有能力在其中填满无限多个世界。我们目前用一种完全无拘无束的方式来推测整个宇宙的可能性，这种意愿在某种意义上来说很可能根源于阿尔拉齐。在中世纪时期，阿拉伯世界也在小说中描述宇宙多元论，其文体华丽。在《一千零一夜》中，布鲁奇亚历险记这个故事描述了许多奇幻的世界，而其中的每一个都有众多独特的生命形式组合。在这一背景下，无论何处的生命都是全能上帝的一种神迹。

　　虽然现在我们是在认真地检验这些关于其他地方的生命的思考，但在 16 世纪初的情况却并非如此。而且那些敢于沿这个思路想象和推测的人有时会被贴上异教徒的标签，甚至被处死。意大利神秘主义者和哲学家乔尔丹诺·布鲁诺就是这样的一个例子。他由于多次严重冒犯教会而付出了生命的代价，其中就包括关于存在着其他世界的所谓异想天开。1548 年布鲁诺出生在那不勒斯的诺拉镇，他的父亲乔凡尼·布鲁诺是一名士兵。他的原名为菲利波，在加入多米尼克教派时改名为乔尔丹诺。年轻的布鲁诺被那些有影响力的新理念所吸引，对教派提出了挑战，因此不得不逃避他们的迫害。事实上，他终其一生都在不断地从一个地方逃亡到另一个地方，最后到了威尼斯。他持有许多被视为异端邪说的信仰，其中包括关于无限宇宙和多重世界的理论。他还否定地心说观点，甚至进一步跨越了它。驱使他这样做的动力并不是数学，而完全是直觉。他打消了在一个由固定的恒星构成的球内部包围着一个有限宇宙这种经典看法，从而对哥白尼观点的一些假设提出了挑战，而哥白尼的观点在当时尚属激进的新看法。对于哥白尼而言，尽管用日心说观点代替了地心说，但宇宙仍然仅由太阳系和固定的恒星构成——它是有边界的，而布鲁诺却不认为有任何这样的边界。当然，必须指出的是，即使布鲁诺没有采纳过无限宇宙或存在着许多其他世界的理念，他也会被烧死在火刑柱上。这是因为他之所以成为教会瞄准的靶子，原因是他否认基督的神圣和圣母的贞洁，再加上其他尖锐的异端邪说信仰。

　　布鲁诺的大胆想象和推测已以某些方式预见了现代科学。鲜花广场是罗马的著名广场之一，广场上那些抛磨精良的鹅卵石在 400

多年前都是无声的证人，见证了他由于提出与公认的宗教信仰相抵触的一些变革性理念而惨遭灭口。在 1600 年 2 月 17 日这个寒冷无情的日子里，布鲁诺在这里被烧死在火刑柱上，他的"舌头因他的邪恶言辞而遭禁锢"[1]。

天主教会审判了他并宣布他为异端分子，他被判处死刑。1584 年布鲁诺在《论无限宇宙与诸世界》（*De l'infinito universe et mondi*）一书中发表了他的这些异端观点。教会于 1603 年将此书列入禁书清单之中。由于当时教会严格地监管着数量有限的几台印刷机，因此最终出现在这份清单上的书籍通常都没有公开流通，从而也就没有得到广泛阅读。

尽管有这样的背景，但戏剧性的转变很快就出现了，这些狂野的可能性卷土重来，并且导致了教会和新理念支持者之间的进一步冲突。引发这一切的是望远镜的发明，这是一种具有革新功能的仪器。伽利略·伽利雷赋予小型望远镜以新的用途。他在 1609 年将其指向了天空。他的望远镜突然将遥远的景色拉近而映入了人们的眼帘，从而引出了关于地球之外还存在着什么的许多新问题。这些新天体带来的启示使得考虑存在其他世界这一点顿时又变得可以接受了。这也标志着裸眼天文学的消亡过程开始了。不过，一直要等到启蒙运动晚期，欧洲的许多哲学家和作家们才将宇宙多元论作为主流议题。

1686 年，法国哲学家伯纳德·勒·博弈尔·德·丰特奈尔出版了《关于世界多元性的对话》（*Entretiens sur la pluralité des mondes*）。

---

[1] J. T. 弗雷泽，《论时间、热情和知识：对存在策略的反思》（*Of Time, Passion, and Knowledge: Reflections on the Strategy of Existence*, Princeton: Princeton University Press, 1990），第32页。——原注

这是法国启蒙运动早期最受喜爱的经典著作之一。此书的内容是一位哲学家和他的东道主、女侯爵走过月光照耀下的花园，他们在纵览星光点点的夜空时进行的一组想象的对话。丰特奈尔通过这些满载着他的丰富想象力的闲谈，清晰简洁地描述了宇宙的新秩序，即哥白尼的世界观。他将对话者之一设定为女性，而邀请女性参与到原本由男性独占的科学交谈中来，这在当时无疑是一个非凡的决定。第五天傍晚的教学概念作为这一章的副标题出现："每颗恒星都是一个太阳，将其光芒散播到它周围的世界中去。"[1] 在这一章中，哲学家详细解释了其他世界——围绕着其他恒星旋转的行星，甚至在这些行星上有生命形式的可能性。

　　坚信存在着其他世界的天文学家卡米伊·弗拉马利翁深受丰特奈尔的启发，在两个世纪之后继续这一法国传统，开始撰写这一理念。他创作出版了70多本书，是当时的一位伟大的科学普及者。他最初是巴黎天文台的一位天文学家，1883年最终在巴黎郊区建起了他自己的观测设施。他的研究工作包括用望远镜对月亮和火星的表面以及恒星的各种性质进行了仔细的观测。他的第一本书《适居世界的多元性》（*La pluralité des mondes habités*）出版于1862年，其中大胆地阐述了他关于其他地方也可能存在着生命的看法，从而在公众心目中建立起了他作为宇宙多元论主要倡导者的名声。他的这些理念产生了深远的影响，他的许多书到1882年已再版了多达三十几次，并被翻译成多种语言。弗拉马利翁与 J. H. 罗尼一起提出，存在着真正的外星生物，他们与人类明显不同，而不仅仅是略有形式

---

[1]　伯纳德·勒·博弈尔·德·丰特奈尔，《关于世界多元性的对话》，英文版（London, 1803）第110页，译者为伊丽莎白·冈宁。——原注

上的变化。在《真实的和想象的世界》（*Les mondes imaginaires et les mondes reels*，1864）和《鲁门》（*Lumen*，1887）这两本书中，他的推测更进了一步：描述了一种想象的奇异植物种类，它们不仅有感知力，而且还能呼吸和消化。弗拉马利翁相信存在着地外生命形式是源于他的这样一种想法：既能栖息于植物群又能栖息于动物群的可转移（移居）的灵魂是普遍存在的。与布鲁诺一样，推动他这些想象力飞跃的同样也不是任何科学计算。他将人类视为"天空的公民"，而将其他世界视为"人类研究的工作室，即正在扩展的灵魂逐渐学习和成长的学校，从而逐步吸收它的渴望所倾向的知识，于是始终在向其命运终点靠近"。[1]

不过，弗拉马利翁最畅销的书是他那本被翻译成多种语言的《大众天文学》（*Astronomie populaire*，1880），他在其中热情地提出了在月球和火星上存在着生命的理由。受意大利天文学家乔凡尼·斯基亚帕雷利声称在火星表面上存在着运河这一论点的鼓励，他还为下列论点提出了充分的理由：那里不仅有生命，而且还是智慧生命，并且有先进的文明。他甚至还猜测火星人很可能是一个比我们本身更优越的种族。

关于火星上是否存在生命，包括其潜在的和可能的识别标志，这些激烈辩论直至今日还在言辞激烈地继续着。这一直是一种撩拨人心的问题，因为火星在很多方面都与地球非常相似，并且又是最靠近我们的行星。它的白昼长度与我们的相似，四季持续时间也相近。

---

[1] 弗拉马利翁，《鲁门》；马克·布雷德，《想象外星生命：天体生物学的科学与文化交流》（*Alien Life Imagined: Communicating the Science and Culture of Astrobiology*, Cambridge: Cambridge University Press, 2012），第194~195页。——原注

火星表面处于原始状态、未经改变，这是因为这颗行星上没有地质构造活动。在那里搜寻生命迹象的活动是从 19 世纪开始的。这些搜寻活动到现在还在继续，不仅是通过望远镜和探测器进行探测，现在还有登陆任务，其中包括美国国家航空航天局的"好奇号"探测车，它于 2012 年 8 月 6 日降落在这颗红色行星上。"好奇号"在火星上发现了古老的水的痕迹，这些水在很久以前就已经蒸发了。它钻透古老的火星岩石后，还发现了微量的有机分子甲烷，但是没有发现任何生命，当然也没有任何智慧生命。火星上目前是否存在着或者过去是否存在过任何生命形式，这仍然是一个悬而未决的问题。

那么对于这个问题，我们现在的立场如何呢？ 2013 年《赫芬顿邮报》（ *Huffihgton Post* ）和一个网站发起了一次民意调查，结果发现有 50% 的美国人认为在其他行星上存在着某种形式的生命，大约 17% 认为不存在，还有余下的 33% 则不置可否。当问到是否认为智慧生命曾访问过我们的行星时，这些应答者的态度更倾向于怀疑。在表示相信有生命存在于其他行星上的那些人中，45% 的人坚称外星人曾访问过地球[1]。

虽然公众意见变幻莫测，但科学研究目前正在寻找其他恒星周围的宜居行星——系外行星。搜寻已取得了非凡的成果，这一最近的成功部分来自于装载在开普勒空间望远镜上的那些仪器。

我们很幸运地生活在这样一个时代，关于我们是不是独自存在于宇宙中这个由来已久的问题，现在看来似乎触手可及。在过去的 50 年中，我们已登上了月球，在月球上留下了人类的足印，将数个

---

[1] 艾米丽·斯旺森，《有关外星人的民意调查结果显示：有半数美国人认为存在外星生命》（ *Alien Poll Finds Half of Americans Think Extraterrestrial Life Exists* ），刊于《赫芬顿邮报》。——原注

探测器发送到太阳系中的其他几颗行星上，把"旅行者 1 号"宇宙飞船送离了太阳系，将"好奇号"探测车降落在火星上进行地质学探测，并观看到了由装载在"新视野号"宇宙飞船上的照相机拍摄的冥王星和冥卫一的一些图像。我们现在已拥有好几颗行星及矮行星的高质量图像，其中显示了诸如土星环、木星红斑、木卫一上的风暴和冥王星上的心形区域等特征，还有它们的卫星的清晰图样，这些天体显然是无生物居住地。而在附近的恒星周围搜寻系外行星和行星系统的探索活动也取得了超过预期的丰硕成果。在过去 20 年中发明和成熟起来的那些技术使我们能够去发现这些其他世界。与此同时，我们从 20 世纪 70 年代以来还以一种齐心协力的方式仔细地聆听可能来自智慧文明的无线电信号。

我们已经看到，我们也许并不是独自存在于宇宙中这个看起来令人吃惊的理念可追溯到 20 世纪之前，事实上可以追溯到古希腊时期。正如我叙述过的，其他世界这个概念和地外生命存在的可能性是在公元前 5 世纪和公元 18 世纪之间从异端邪说转化为正统观念的。"地外生命"这个术语是现代的，但祖先们也提到过完全一样的世界多元性概念。

哥白尼引发了世界观的剧变，使我们脱离了宇宙的中心——想象一下这一点！伽利略用望远镜对我们太阳系中的其他行星所做的观测帮助我们消除了这样一种亚里士多德式概念：与其他所有天体相比，地球是独一无二的。原子论者伊壁鸠鲁毕竟曾经走上过正轨，尽管他的声音被柏拉图和亚里士多德压制了近乎千年。

是什么激发我们去搜寻其他宜居行星以及在别处的智慧生命的迹象？这一探索过程正式开始于 20 世纪 60 年代的"搜寻地外文明"

（Search for Extraterrestrial Intelligence，SETI）项目。在 SETI 协会工作的科学家们自那时起一直利用无线电波试图探测可能来自其他太阳系的信息传递。第一次定向搜索地外生命用的是安置在西弗吉尼亚州美国国家射电天文台内的绿岸望远镜。1960 年，一位名叫弗兰克·德雷克的 29 岁博士后研究人员开始想到，怎样才能利用新建的 26 米直径射电碟形天线去捕捉来自一颗行星的天际对话，而这颗行星正在围绕着一颗距离大约为 12 光年的恒星沿轨道运行。当时还没有任何人曾探测过一颗单独的系外行星。没有任何迹象说明由此会富有成效。雄心勃勃的德雷克计算了这样一次探测的可行性后，成功劝服他的导师们，为了监听任何可能向地球上的我们发送无线电信号的外星文明，应该周期性地将这架望远镜指向两颗与太阳相似的恒星，即鲸鱼座天仓五和波江座天苑四。德雷克根据 L. 法兰克·鲍姆虚构的奥兹国统治者奥兹玛公主的名字来将这项活动命名为"奥兹玛计划"。虽然奥兹玛计划从未探测到除了星际静电噪声以外的任何信号，但它激发了一整代科学家和工程师去严肃对待与天外来客交流的可能性。1982 年的好莱坞电影《外星人》（E.T.）——20 世纪 80 年代卖座大片和电影票房冠军——也在公众想象中激起并注入了这种可能性的想法。SETI 项目一直受到美国联邦政府不同程度的资助，直至 1993 年停止。这笔经费被取消后，该项目协会注册为一家非营利机构，并开始仅仅依靠来自私人慈善事业的资金运作。微软公司的创始人之一保罗·艾伦资助了一个以他的名字命名的天线阵列。这个阵列现在位于加利福尼亚州山景城的 SETI 园区内。更近期的一次具体实践 SETI@home 获得了广泛的公众支持。这是一项科学实验，它利用了居民家中连接到互联网上的计算机的闲置计算能

力。这是从个人计算机汇聚计算机资源的首批"全民科学"项目之一。你可以通过运行一个免费提供的程序来参与该项目，这个程序可以安装在你家里自己的个人计算机上，只要你的计算机处于空闲状态，它就会分析 SETI 项目获得的那些射电望远镜数据。

除了热忱地信奉这个寻找外星生命的项目以外，德雷克还对设法定量表述其他地方的生命来接触我们或者我们去接触他们的可能性做出了关键的贡献。他没有等待未来的开普勒卫星任务发现系外行星。这一名为德雷克方程的估算是在 1961 年他组织的一次会议上公布的，方程的唯一目的是对 SETI 是否具有任何合理的机遇探测到其他恒星周围的外星文明做出定量的表述。这次非正式会议是与美国国家科学院合作举办的，参加会议的有各交叉学科的杰出人物，其中包括好几位诺贝尔化学奖和医学奖获得者，以及物理学家菲利普·莫里森，还有一位也许是当时唯一不知名的人物——年轻的博士后研究人员卡尔·萨根[1]。

在这次会议召开前的几天，德雷克在忙于制定会议日程时思考了一些关键要素——估算目前可能存在于银河系中的可探测先进文明的数量时需要用到的几条决定性信息。他从收集各种因素的发生概率入手，其中第一个因素是宜居行星（其他文明的宇宙发源地）的产生率，这些行星中有一部分适宜生命存在并孕育有智慧、有感情的生物。随后他又加入了以下要素：这些文明中可能有些已开发出各种技术，并可以发送穿越浩瀚星际距离的信号，从而能够进行交流沟通的比率。还要把这种社会的平均寿命也作为要素考虑在内。

---

[1]　卡尔·萨根（1934—1996），美国天文学家、天体物理学家、宇宙学家、科幻作家，行星学会的创立者，在天文学科普方面做出了杰出的贡献。——译注

所有这些要素（即许多嵌套条件）的乘积，就给出了对银河系中可探测先进文明数量的估计。将一系列错综复杂的论据与当时可用的关于恒星和行星形成效率的稀疏的相关数据结合在一起后，德雷克意识到这个估计数本质上只依赖于一个因素：拥有先进科技的文明的寿命。与天外来客们取得联系的可能性完全取决于时机——取决于他们是否与我们同时存活着并拥有先进科技。因此，我们能够发现的可能宜居地点越多，那么其中某个地点可能支持拥有先进技术的文明的机会就越大。我们需要开始做的事情是，快速发现尽可能多的地外行星，然后集中全力关注那些可能宜居的行星，再搜寻生命的信号。美国国家航空航天局的詹姆斯·韦伯空间望远镜（The James Webb Space Telescope，JWST）已设定将于 2018 年发射，除了许多其他科学目标以外，这项任务还将与开普勒卫星一脉相承，帮助我们识别宇宙中可能支持生命存在的那些行星和行星系统。

与此同时，究竟是什么构成了生命这个问题还需要予以处理和理解。争论正在激烈进行中，而且可以想象的是，即使在其他地方找到任何痕迹，这种争论还会继续下去。这是一个微妙的问题，其答案取决于回答者来自哪个学术阵营。天文学家和科学史学家史蒂文·J. 迪克在他的《其他世界上的生命》（*Life on Other Worlds*）一书中，用编年史的形式写下了这场贯穿整个 20 世纪的关于生命定义的激烈争论。在他所讨论的文章中，有一篇是进化生物学家乔治·盖洛德·辛普森于 1964 年撰写的，当时美国正在准备全力搜寻火星上的生命。在这篇题为《类人形式并不普遍》（*The Nonprevalence of Humanoids*）的文章中，辛普森提出警告：其他地方的生命并不必与地球上的生命相似。生物学家哈罗德·布卢姆早前曾将这种观点标榜为"机会主义"，与"决定论"立场相对立。根据决定论观点，进化过程在宇宙中的所有地方都是以相同的顺序展开的，其复杂性随着时间而进化。机会主义观点则认为，生命有许多可能的进程。辛普森提出，大多数外层空间生物学者都持决定论观点，对此并没有任何经验证据，而进化生物学家则倾向于持机会主义观点，地球上的化石记录对此提供了充分的支持。化石提供的证据显示，大多数早期生命形式都灭绝了，并且各种进化过程中都有着一个相当随机的成分。辛普森提出，即使生命在宇宙中的其他地方出现，也不必遵循我们所熟悉的轨迹从原生动物进化到人[1]。

许多生物学家都认同的一种基本定义是，能够独立生长并复制的有机体都是生命形式。不过，即使这种定义也并不十分清晰，其中存在着一些灰色地带。比如病毒是否构成生命，因为它们具有自己的基因组，但又不能自我复制。这种定义似乎也排除了朊病毒，这是一种单独的、离群的蛋白质，能够复制，是造成包括疯牛病在内的许多疾病的原因。不过从本质上来说，细菌是最基本的生命形式，关于这一点存在着广泛的共识。

假如生命本身是争议的主题，那么有利于生命存在的标准也就要接受审查了。既然我们正在发现系外行星，于是就出现了一种新的当务之急，即理解宜居性的充分必要条件，以及如何探测到任何可能存在的栖居生物。起初人们相信只要有氧气就足够了，但现在我们已经清楚地知道，许多非生物过程也能制造出那些被认为是生

---

[1] 史蒂文·J.迪克，《其他世界上的生命：20世纪关于外星生命的争论》（*Life on Other Worlds*, Cambridge: Cambridge University Press, 1998），第193~195页；乔治·盖洛德·辛普森，《类人形式并不普遍》，刊于《科学》杂志，第143卷，第3608期（1964年2月21日），第769~775页。——原注

命所必需的元素。而且对于生命在地球上演化的大部分时间而言，大气中几乎不存在这些气体。因此，已在行星大气中可靠探测到的氧气和臭氧也许并不是在其表面存在大量生命的必要标志特征。与此同时，还有许多争论是类似二氧化碳、甲烷和氨这些其他元素和化合物（它们被视为地球生命的基本构件）是否可能与其他地方的生命起源也有关联。在距离我们更近的地方，甚至连火星上的生命问题也尚未解决，我们对于火星不仅仅是从远处探察，而且在其表面已经有一辆携带质谱仪以分析土壤样本的探测车成功登陆了。

搜寻系外行星的探索活动还在全速继续。当前的记录令人瞩目地证明了几种成熟探测技术的功效。悬而未决的大问题是还有多少类地行星等着我们去发现。当然，随后就出现了宜居性的问题，以及在这些行星之中是否有任何一颗上存在着任何形式或状态的生命。利用来自美国国家航空航天局的开普勒卫星任务的数据，2013年的一项研究估算出有22%类似太阳的恒星周围可能存在着类地行星。当然，媒体上的有些消息对这些数字信口开河，甚至连持重的《纽约时报》也做了如下报道："有什么东西——或什么人——居住在距离地球非常非常遥远的地方，对此现在我们已知的可能性在周一已提高到超越了天文学家们最富于想象力的梦想。"《今日美国》（*USA Today*）宣告："我们并不孤独。"在此一年前，《卫报》（*Guardian*）还刊登了马丁·里斯的文章，题为《我们独自存在于宇宙中吗？答案即将揭晓》。[1]

[1] 丹尼斯·奥弗比，《遥远的类地行星遍布于银河系》（*Far-off Planets like the Earth Dot the Galaxy*），刊于《纽约时报》，2013年11月5日；多伊尔·赖斯，《石破天惊的消息：也许存在着与地球相似的其他行星》（*Earth-shaking News: There May Be Other Planets like Ours*），刊于《今日美国》，2013年11月4日；马丁·里斯，《我们是独自存在于宇宙中吗？答案即将揭晓》，刊于《卫报》，2012年9月16日。——原注

　　我们距离这个问题的答案事实上有多近？这种媒体炒作深入到所谓"费米悖论"的中心概念。这一悖论得名于杰出的意大利流亡物理学家、受控核裂变之父恩里科·费米。受控核裂变是第二次世界大战期间美国能够制造原子弹的前提。假如我们承认作为地球上的一种生命形式，我们并无特殊之处，那么在银河系即宇宙中就应该有许多其他地方也存在着生命。如果是这样的话，我们到现在就应该已经遇到过一些天外来客了，然而这并未发生。这就是费米悖论。在 1975 年发表在《皇家天文学会季刊》（*Quarterly Journal of the Royal Astronomical Society*）上的一篇论文中，迈克尔·哈特论述了目前地球上没有来自外太空的智慧生物这一问题。他从这个事实出发所得到的结论是："有确凿的证据说明我们是银河系中最早出现的文明。"[1] 他的论据依赖于时间标度：假如智慧生命存在的话，那么银河系中所有地方的智慧生命都应该花数百万年的时间繁殖起来，但是然后还要花数十亿年的时间发生进化。因此从逻辑上来讲，假如地外生命存在的话，那么我们的外星同胞们应该已经到这里了，而既然他们还不在这里，那么他们就不存在。正如与德雷克方程的估算一样，这确实全都归结于时机。

　　许多生物学家和天文学家之间在看法、世界观和期望方面都存在着尖锐分歧，这种分歧可以与他们各自对于地球是否独一无二这个问题的观点挂钩。天文学家们（最主要的是萨根和德雷克）普遍相信我们在任何方面都没有什么特别或与众不同之处。萨根认为地球独一无二这个假设是有缺陷的。他解除费米悖论的方法是做出如

---

［1］ "费米悖论"，SETI协会；迈克尔·哈特，《关于地球上没有天外来客的一种解释》（*An Explanation for the Absence of Extraterrestrials on Earth*），刊于《皇家天文学会季刊》，第16卷，1975年第2期，第135页。——原注

下推断：所有下定决心与外界联系的地外文明都正在十分缓慢地做这件事，因此至今尚未与我们取得联系。另一方面，生物学家们则普遍相信地球上的生命是独一无二的。他们不断遇到的生物的丰富性和复杂性使他们确信，我们的行星是非常特殊的，因为它是唯一存在智慧生命的行星，尽管在其发展过程中包含着随机性。众所周知，斯蒂芬·杰伊·古尔德曾说过，假如将生命和进化的磁带倒带重放，那么人类是否会是一种最终产物这一点是完全不清楚的。事实上进化生物学家特奥多修斯·多布然斯基指出，在将地球称为家园的两百多万个物种之中，只有一种进化出了语言，创造和传播了文明，并对自身、生命和死亡有意识。因此，他认为坚持以下观点是荒谬的：假如任何其他地方存在生命的话，最终也必定会出现有理性的生物[1]。

萨根对于地外智慧生命抱有极度乐观的态度，这源于他相信我们在时空中完全平庸无奇的地位使我们在宇宙中也不过是等闲之辈。此外，他还将这种讨论视为由来已久的人类中心世界观的一种反映。这种世界观至少可以追溯到克劳狄乌斯·托勒密。关于如何认识我们在这颗行星上作为一个物种和作为智慧生命的重要性，天文学家和生物学家之间存在着一个真实而重大的差异。这两种观点各自都渗透着特定职业的专业观点，并且他们以各自的方式辩护其正当性。

关于我们是否独一无二的辩论偶尔升温过几次，这迄今还不是起因于出现了任何挑战我们世界观的新发现，而是出于政治上的原

---

[1]　斯蒂芬·杰伊·古尔德访谈，美国成就学院，1991年6月28日；特奥多修斯·多布然斯基，《生物学中的一切只有依据进化观点才言之成理》（*Nothing in Biology Makes Sense Except in the Light of Evolution*），刊于《美国生物学教师》（*American Biology Teacher*），第35卷，1973年，第3期，第125~129页。——原注

因。这在一定程度上是围绕着这样一个问题的：从长远角度来看，来自美国政府的研究资金应该如何以及是否应该资助 SETI 事业？最终导致 SETI 失去政府资助的原因是对于探测到地外生命的或然性产生了意见分歧。

不过，SETI 还远非第一次有组织的搜寻智慧生命的行动。就在哥白尼将地球从宇宙轴心地位上驱逐出去的仅仅 100 年后，勒内·笛卡儿就提出太阳也不是独一无二的。他在 1644 年的《哲学原理》（*Principles of Philosophy*）一书中写道，天空中的所有其他恒星都与我们的太阳相像。他假定其中每颗恒星都可能拥有它自己的一群行星，这些行星上甚至还可能存在着拥有心灵的栖居生物。他的这种其他恒星也可能拥有行星的推测要等到 350 多年后才得到证实。

1995 年，两位瑞士天文学家米歇尔·麦耶和戴狄尔·魁若兹偶然发现了第一颗太阳系外行星，它环绕着距离我们仅 51 光年的恒星飞马座 51 运行。这颗行星大约每 4 天绕着它的恒星盘旋一周，与它围绕的恒星之间的距离是水星与太阳之间距离的 1/6。而且它的质量非常大，可达木星的一半，而木星可算得上我们太阳系行星阵容中的巨兽了。事实证明，这颗围绕着飞马座 51 的行星是第一颗被称为"热木星"的一类地外行星。这类行星与它们的寄主恒星之间的距离近到岌岌可危。

任何一颗行星本身都不发光，因此与它所环绕的恒星比较起来，它是无法被探测到的。它只是反射从其寄主恒星发射出来的光。除了要探测到这样一个昏暗光源本身所带来的挑战以外，其寄主恒星发出的明亮光芒使其更加黯然失色，进一步削减了探测的可能性。出于这些原因，天文学家们直接观测到的此类行星寥寥无几，而且能将这种行星与其寄主恒星分辨开的情况也很罕见。

与此相反，天文学家通常借助于一些间接方法来探测系外行星，同样也是依赖于引力效应，而这也是探测暗物质和黑洞时所必需的。有好几种这样的方法已带来了成功。最普遍采用的搜寻策略已找到了一些热木星，其方法是测量径向速度——恒星由于受到它们的行星同伴的拉力而发生的摇摆。随后通过地面望远镜观测来证实这颗行星的存在。这种方法的原理如下：如果一颗恒星周围有一颗行星，那么它就会对这颗行星的引力产生反应而绕着一条微小的轨道运动。这就会导致这颗恒星的速度发生可探测的微小改变，而这是我们可以测量到的——它表现为其相对于地球的径向运动发生微小变化。这种径向速度的改变可以通过该恒星光谱中产生的多普勒频移来推断。这种方法不依赖于距离，但是要找到产生微小摇摆的低质量行星，就需要高保真度的数据，因此这种方法一般只用于邻近的恒星，这里邻近的意思大约是距离地球 160 光年或更近。仅用一架望远镜是不可能同时跟踪许多目标恒星的。不过，我们可以探测到远至几千光年以外的那些木星般大小的行星。这种方法优先探测到的是靠近其寄主恒星的那些大质量行星。探测小质量寄主恒星周围的行星要容易得多，这是由于小质量恒星周围的行星所产生的引力效应可以更容易地被辨别出来，而且小质量恒星一般来说旋转得比较缓慢。快速旋转会使谱线变模糊，从而令探测变得困难。行星的质量可以从这些径向速度测量中直接推断出来。热木星是最容易通过这种摇摆探测到的，因此所有早期利用径向速度测量获得的都是这一种类的行星也就不足为奇了，其中也包括麦耶和魁若兹发现的第一颗。热木星预计并不是在它们被看见的、与寄主恒星如此靠近的地方形

成的，而是在比较远的距离上形成的，随后据信它们朝着恒星的方向向内迁移。这些炽热的、鼓胀的气体庞然大物通常比我们太阳系中的金星更为炽热，因此正如我们所知道的那样，也不适宜生命的出现。

随着仪器设备的改良，天文学家们记录下的摇摆越来越微小，因此逐渐发现了一些质量较小的行星。在地外行星搜寻任务方面，最初的两个主要竞争团队是瑞士的那两位天文学家和加州大学伯克利分校的以杰弗里·马西为首的一个团队。近20年来，这两个团队都一直在监视邻近的恒星并进行速度测量。伯克利团队最早因行星搜寻而获得的荣誉之一是发现了首个多行星系统，这个系统围绕在大约44光年以外的恒星天大将军六（也称为仙女座 υ ）周围。目前看来该系统中共有4颗行星，围绕着一个由两颗恒星构成的系统沿轨道运行。所有这些行星的大小似乎都与木星相当。

探测行星的第二种方法是凌星法，美国国家航空航天局的开普勒宇宙飞船正是利用这种方法找到了数千个候选者[1]。假如有一颗行星从它的寄主恒星表面经过，那么这颗恒星的亮度就会减小一个很小的量。我们最近在太阳系中看到的这种现象是金星在2012年经过太阳表面。这一亮度减小量是可以测量的，因此用于确定该行星的半径。

这种变暗的程度当然取决于这颗恒星与行星相比要大多少。对于HD209458这颗恒星而言，其凌星期间的变暗程度小于2%。这种方法有其弊端：只有当行星–恒星轨道相对于观测者构成某些特殊

---

[1] 最新记录可以在美国国家航空航天局艾姆斯研究中心的开普勒网页上找到。——原注

排列形式时，凌星现象才可见。不仅如此，由于地球大气的扭曲效应，因此只有从太空中才能看到它们。所幸，装载在开普勒望远镜上的成像照相机具有测量凌星期间光线变暗几个百分点水平所需的精度。

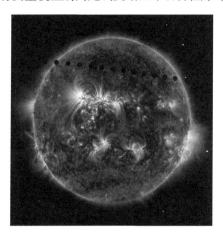

2012年金星凌日。由171幅图像编制而成的序列。（图片由美国国家航空航天局/戈达德太空飞行中心/太阳动力学天文台提供。）

直至 2015 年 11 月 10 日，已发现的地外行星在 5 000 颗以上，其中有一些处于已知的484个多行星系统中。除了我们的太阳系以外，具有最多已确认地外行星的恒星是 Kepler-90 和 HD 10180，它们分别有 7 颗和 9 颗行星。拥有 4 颗已确认行星的恒星 Gliese 876 是距离我们最近的多行星系统，位于 15 光年处。包括这 4 个系统在内，在距离我们 15 光年以内共有 12 个多行星系统，不过大多数还是在远得多的地方。

如今行星搜寻已是一个名符其实的行业了。在 15 年的时间里，这项原先只有不多的几个观测者和仪器建造者参与的小团队活动，随着开普勒卫星的发射和远征而转变成了一门大科学，其科学团队

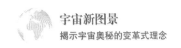

由数百人组成。经验丰富的行星搜寻者们指出：由于基本上所有恒星都具有伴随的行星，有些还具有多行星系统，一个简单的估算就使人联想到，可见宇宙中的行星数量必定超过恒星的数量！这对于探测到生命的前景是极为令人鼓舞的，因为我们预计生命会出现在行星或它们的卫星上。对于以碳为基础的生命而言，一定的温度范围是必需的，否则的话有机分子就会瓦解。在外太空应有的极端寒冷的温度下，化学反应的速率就会慢得多，而这就使智慧生物存在所必需的快速代谢反应很难发生，或者甚至不可能发生。因此，以碳为基础的生命似乎存在着一个最理想的温度点，只有温度适中的行星和卫星才可能孕育我们所熟悉的并与我们相似的复杂高级生命形式。

说实话，正如前文所讨论的人择原理所表明的那样，我发现地球上的人类对于这个主题采取了一种相当自我的看法。我已讨论的这些论据和估算都取决于一种完全的人类中心生命观。是由于受到缺乏想象力的限制，从而使我们无法冲破我们所知道的生命形式或者我们所看到的它表现出来的智慧形式吗？智慧生命可能在一系列我们不那么熟悉的环境中通过我们未知的一些途径出现，这也是完全可能的。在地球上探测到的那些嗜极生物给我们提供了一点暗示：有些种类的生命形式可以在最严酷的条件下存活很长的时间跨度。这方面的例子包括：在极高温度下茁壮生长的细菌，例如水生栖热菌，它们在美国黄石国家公园的温泉中享受着 71 摄氏度的温暖生活；还有延胡索酸火叶菌，它们在大西洋中脊的热液喷口中活在 113 摄氏度的温度下；或者在极低温度下生活的嗜寒微生物，诸如嗜冷杆菌，它们在零下 10 摄氏度到零下 42 摄氏度之间生长。这些有机体揭示出，尽管地球上发生过种种剧变，例如 5 次已知的冰河时期以及 11700 多年前的磁场大逆转，但生命是具有适应性和耐久性的。因此，谁又知道哪些种类的生命形式能够在地外行星上繁荣兴旺呢？在这些地外行星中，有许多距离它们的寄主恒星足够远，因此如果有水存在的话，将会保持液态，因此其中有那么多事实上可能是超级地球世界（这些行星的质量比地球稍大些，但比天王星或海王星稍小些）。2015 年 7 月有了一次激动人心的进展，斯蒂芬·霍金和俄罗斯亿万富文尤里·米尔纳在伦敦举行了一场新闻发布会，宣布他们的新联合项目"突破聆听"，这是迄今探索外星生命信号的最大型倡议。米尔纳慷慨的 1000 万美元慈善捐赠将部分用于购买两架现存的、相距遥远的射电望远镜的专用时间，一架是位于弗吉尼亚州的罗伯特·C. 伯德绿岸望远镜，另一架是位于澳大利亚新南威尔士州的帕克斯射电望远镜，随后它们将协同搜寻地外生命信号。如同配置用于探测银河系中心黑洞的那架事件视界望远镜一样，这一设置再次将整个地球转化成了一个具有极长基线的大型射电望远镜。而在此例中基线长度相当于一个从美国伸展到澳大利亚的单碟天线，用于聆听其他地方的智慧生物发射的无线电信号。霍金在宣布这项合作计划时说道："在一个无限的宇宙中，必定存在着其他生命……还是我们的灯光漫游在一个死气沉沉的宇宙中［？］……无论是哪种情况，都没有比这更大的问题了。"而米尔纳则透露说，他提出这项倡议的动机源自于他直觉上认为我们不是孤独的。他在新闻发布会上指出："我认为这是一件低概率、高影响力的事件。不论答案是什么，都是一个强有力的答案。在任何时候，我们都应该利用可以获得的最好的技术和器械来寻求这个答案。"我们急切地等待着窃听到外星人的对话。

　　所有这些争论（关于如何定义生命和智慧生命，关于宇宙中其他地方的生命会不会看起来彼此相似，以及假如有其他有感情的生物存在的话，我们怎样才能最好地与他们取得联系）的中心是我们事实上有多独特。归根结底，最紧要的是要定义并找到我们自己的所在。迄今为止宇宙学中所取得的显著进展已揭示出我们并不特殊，我们的行星并不是宇宙的中心。我们的太阳系只不过是众多太阳系中的一个，有可能我们的宇宙也只是众多宇宙中的一个。而我们的宇宙又是相当特殊的，其中的主要成分暗物质和暗能量仍然不可捉摸。我们的眼睛生来就看不到大部分的现实。然而，尽管我们似乎无足轻重，但作为一个物种，我们仍然拥有一些重大的能力。我们着手解决并回答了关于宇宙的那些曾经看来不可能的、棘手的问题。对于我们所知道的，以及我们如何逐渐知道这些的，我们已取得了显著的进展。虽然我们甜瓜般大小的脑壳中所容纳的大脑造成了认知能力的限度，但我们通过探索活动解开了奇妙宇宙的许多秘密。不过，我们也正处于危险的边缘，正在摧毁我们所知道的现存的智慧生命和养育了我们的青翠植物。除了对宇宙的好奇之外，我们还肩负着紧迫的对地球的责任，这些责任是不容我们忽视的。

　　如今，我们带着期盼和激动等待着探测到有机分子的气息，这是生物特征的指纹，或者在最近发现的其他世界中探测到存在水的迹象。智慧生命看来还遥不可及，但我们已然走过漫漫长路:约翰·米契尔从未想象过我们能够追踪银河系中心黑洞周围的恒星轨道，而我们现在已开发出来的那些技术对于甚至短短 50 年前科学家们来说都是最漫无边际的想象了。

　　那么，还有什么需要是描绘和理解的？目前的前沿横跨了最大尺度和最小尺度。一个极端是我们的视线已超越了我们的宇宙，而另一个极端则是我们在仔细观察银河系内部并自我反省。在这两条追逐之路上，我们都在寻求同伴——各种宇宙群英荟萃，具有 6 个基本常数的所有表现形式，还有一群智慧生物。所有这些都迫使我们去质疑活着意味着什么。

尾声

大胆的理念、未经证明的预期以及推测性的想法是我们解释自然界的唯一手段……我们之中不愿意让他们的思想去遭受反驳风险的人，就没有参与到科学游戏中去。

——卡尔·波普尔，《科学发现的逻辑》（*The Logic of Scientific Discovery*）

我在本书中追溯了变革性科学理念从遭受反驳到获得接受的旅程。你已经看到，抵抗可能会很复杂，而且并不全然出于知识上的因素。个人之间的对立、名望和信条可能会阻止科学界达成共识。不过我们也看到，说服力最终取决于数据和证据，其中从许多独立探究途径收集而来的数据和证据则更胜一筹。

希望我还说明了大多数有趣的科学理念都是分布图类型的，有些就是确实的分布图。随着每一次修订，我们都更加清晰地看到自己周围世界的细节。我们丢弃了那些被证明为纯属想象的部分。在非常幸运的情况下，我们还会发现未知领域，等待我们去进一步探索的那些神秘领地。要向前推进，我们就需要人类的创造力，即科学思维，既灵活又乐于接受变化，但又苛求严格——只有在出现压倒性证据的时候才会信服。我们还需要技术，即使我们能够进行更加精确的测量的越来越精密复杂的仪器工程学。

技术和创造力紧密结合，为研究事业的规模和实践发生根本转变扫清了道路。过去的 40 年见证了向大科学（需要经济、人力、技术和知识资本巨额投入的大型项目）的过渡。宇宙学最前沿的许多问题，靠个别杰出人物单打独斗再也无法应对了。当前的挑战需要由数百位聪明的科学家组成的庞大团队为这些近乎全员行动的努力贡献出经过专门训练的技能。这种风格转变并不是流于表面的，它标志着文化和知识方法的重大变化。我们现在需要各种大型的、昂贵的仪器以及巨大的资源——大型地面望远镜、空间望远镜和强大的超级计算机。尽管科学界的大多数人都对这种大型项目的新浪潮感到欢欣鼓舞，但还是有人在争论这种转型对受到个人好奇心驱使的那些富有创造力的个别科学家的作用会造成怎样的影响。这个问题的中心在于知识上的风险。个人可以承担一定的风险，而团队则从一开始就需要达成一定程度的共识，才能获得资金并确定研究方向，因此不能冒险。我们必须小心，不要将自己禁锢于群体思维，这是因为探索者不能总是安全、谨慎和保守的。解决之道是要对两种研究风格都加以培育和发扬，既要使有预见的个人力量发挥很好的作用，又要利用合作团体所提供的高效快速步伐。

随同大科学一起出现的还有另一种重大的文化转变——开放获取，其催化剂是互联网提供的廉价快速散播信息的能力。这种新的文化和技术使我们能够创建像 arXiv.org 这样的场所，天文学家和天体物理学家们在那里公布他们的论文，常常是在他们将稿件投递给杂志进行同行评审后就立刻上网发布了。这种公开性极大地提高了信息获取量，并为科学家们提供了一种新方法，对他们打上时间标识的工作争取自己的归属权。物理学家们在分享他们的理念这种做法上是开拓者，但是随着社交媒体的引入及其对大众的吸引力的加剧，现在无疑所有人都加入了这场游戏。反过来，社交媒体又使科学家们能够直接赢得新闻工作者和公众的帮助，去与更广泛的读者分享他们的那些激动人心的新结果。

　　资助大科学所造成的压力有助于对其透明度的要求。如果大量公众纳税人的钱都用于支持数百万美元的最先进设备，那么科学家们就不仅必须对他们所做的事情提出正当理由，还必须尽可能广泛而快速地与旁人分享他们的成果。这种轻快的步伐为宇宙学的黄金年代做出了贡献，而我们也已看到了那些惊人的突破。

　　不过，互联网不仅仅开放了获取渠道，还开放了科学本身，从而使公众不仅能旁观，还能参与到辩论和探讨中来。在即时传播的全球媒体的帮助下，公众现在能够在研究者们解决问题时实时地观看到他们是如何达成科学共识的。以2014年有人声称探测到引力波这一事件为例。这是一条大幅标题新闻，而且也理当如此。引力波是由爱因斯坦的广义相对论得出的一个结论，而搜寻引力波的行动开始于1916年。来自BICEP2团队的物理学家们在南极运转着一架望远镜，他们声称发现了这些引力波的证据，从而也就发现了宇宙暴涨的证据。这会为宇宙起源的大爆炸模型提供不容置疑的证据。BICEP2团队在将其结果提交给同行评审之前就召开了一次新闻发布会。这条新闻在各科学博客上风传，犹如病毒一般扩散开去。而宇宙学团体中的其余人也立即跟进，设法理解和重复这些结果。专家们之间经过大量辩论后发现，这些可能的引力波似乎只是宇宙尘埃而已。

这是一个有趣的研究案例，一个具有高影响力的研究结果在全球互联的世界中瞬间散播开去，而最终却没有经受住精细的科学审查。这是一个警告：我们在分析和分享数据时应该非常小心谨慎，否则就有陷入尴尬境地的危险。许多科学家对事件进程的这一转变感到极为不悦。我本人并不在此列，但我也确实认为同行评审是专业科学的一个重要的、不可或缺的部分，不应规避这一环节。我相信公开的科学对于公众理解我们在做什么不仅有用，而且至关重要。事实上，现在科学家们除了与公众紧密结合之外并无其他选择，需要分享其数据和分析的对象，不仅是专业合作者们，还有全球各地的业余研究者。鉴于这一切，为什么我们仍然在见证着对科学最为激烈的否定？在我看来，为猖獗的否定主义助燃的不是缺乏科学事实方面的知识，而是对于科学和科学推理如何运作一无所知。拉开掩盖着科学过程的帷幕，让公众去观察和理解，就会消除不信任。我也愿意认为，目前的科学怀疑论在一定程度上是滞后的结果，这种滞后使人们很难去应付数字时代中科学发现及转变的快速及不可预知的特性。

如果说这是一本关于宇宙分布图的书，那么它同样也是一本关于时间和地点的书。我们生活在一个令人迷惘的宇宙中，它的膨胀正在加速，并且在人类历史上的任何其他时期，我们都不曾如此频繁地不得不去正面应对我们的理解的暂时性。我们有一幅宇宙的分布图，而它却在永恒的变动中。科学的真实性就其本质而言必须经

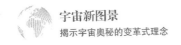

受精炼和修正，这一事实如今已经是我们现实中不可避免的部分。我们对世界的看法在过去的 100 年间发生了急剧的转变，因而改写了我们是谁、我们来自哪里和我们要去向哪里这些问题所特有的意义。

现在我们知道，我们的观点在某种程度上是向外看的结果。不过，它也来自更为密切的另一个方面。同宇宙一样，我们的大脑和遗传因子曾一度被认为是固定不变的。现在我们理解了，它们是会变的。基因组分布图已经帮助我们揭示出如何绘制出我们的化学实质。在过去的数十年间，计算基因组学的发展帮助我们确定了非洲是所有人类的发源地，并追溯了我们随后的迁移路线。在神经系统科学方面所取得的长足进步使我们如今能够阐明人类的大脑是如何工作的。功能性核磁共振（磁共振成像）提供了一种前所未有的非侵入式观察方法。我们已发现了神经元之间的一些新的相互联系，以及它们如何协调一致地运作。即便如此，动态的、始终在重新配置的网络如何取得一致和同步，这些方面在很大程度上仍然是一个未知领域，有待于新的探索航程。人类的大脑和遗传因子都很复杂，但我们仍有希望，也许很快就能弄明白某个特定的神经元开关（或者一组开关）的转换能够如何启动我们的思维。得到的结果是一幅分布图，其中描绘的是一种情感、一种运动或者甚至是一种新理念。各种分布图在继续塑造着我们对于宇宙和对于我们自己的看法。

延伸阅读建议

关于这里讨论过的这些宇宙学理念，对于那些好求知的读者来说，如果想要继续深入并详细学习更多知识，那么还有许多其他书籍可供阅读。以下挑选的这些涵盖了宇宙学中各种理念的历史，并概括论述了目前的那些悬而未决的科学问题。

Ball, Philip. *Curiosity*: *How Science Became Interested in Everything*. Chicago:University of Chicago Press, 2013.

Barrow, John D. *The Book of Universes*: *Exploring the Limits of the Cosmos*. New York: W. W. Norton, 2012.

———. *The Constants of Nature*. London: Jonathon Cape, 2002.

Bartusiak, Marcia. *Archives of the Universe*: *A Treasury of Astronomy's Historic Works of Discovery*. New York: Pantheon, 2004.

———. *Black Hole: How an Idea Abandoned by Newtonians, Hated by Einstein, and Gambled On by Hawking Became Loved*. New Haven: Yale University Press, 2015.

———. *The Day We Found the Universe*. New York: Vintage, 2009.

Bernstein, Jeremy. *Albert Einstein: And the Frontiers of Physics.* Oxford: Oxford University Press, 1996.

Bronowski, Jacob. *The Common Sense of Science.* Cambridge, Mass: Harvard University Press, 1978.

————. *The Origins of Knowledge and Imagination.* New Haven: Yale University Press, 1978.

Brotton, Jerry. *A History of the World in Twelve Maps.* New York: Viking, 2012.

Carroll, Sean. *The Particle at the End of the Universe: How the Hunt for the Higgs Boson Leads Us to the Edge of a New World.* New York: Dutton, 2012.

Corfield, Richard. *Lives of the Planets: A Natural History of the Solar System.* New York: Basic Books, 2007.

Davies, Paul. *The Goldilocks Enigma: Why Is the Universe Just Right for Life?* New York: Allen Lane, 2006.

Davies, Paul, and J. Gribbin. *The Matter Myth: Dramatic Discoveries That Challenge Our Understanding of Physical Reality.* New York: Simon and Schuster, 2007（reissue）.

Dyson, Freeman. *The Scientist as Rebel.* New York: New York Review of Books, 2014.

Ferguson, Kitty. *Measuring the Universe: Our Historic Quest to Chart the Horizons of Space and Time.* New York: Walker Books, 1999.

————. *Tycho and Kepler.* New York: Walker Books, 2002.

Freese, Katherine. *The Cosmic Cocktail: Three Parts Dark Matter.*

New York: W. W. Norton, 2003. Reprint, Princeton: Princeton University Press, 2014.

Galison, Peter L. *Big Science*: *The Growth of Large-Scale Research*. *Stanford*: Stanford University Press, 1994.

———. *Einstein's Clocks, Poincaré's Maps: Empires of Time*. New York: W. W. Norton, 2004.

———. *How Experiments End*. Chicago: University of Chicago Press, 1997.

Gates, Evalyn. *Einstein's Telescope*: *The Hunt for Dark Matter and Dark Energy in the Universe*. New York: W. W. Norton, 2009.

Gingerich, Owen. *The Book Nobody Read*. New York: Penguin, 2005.

Gleiser, Marcelo. *The Island of Knowledge*: *The Limits of Science and the Search for Meaning*. New York: Basic Books, 2014.

Goldberg, David. *The Universe in the Rearview Mirror*: *How Hidden Symmetries Shape Reality*. New York: Dutton: 2013.

Greene, Brian. *The Elegant Universe*: *Superstrings*, *Hidden Dimensions*, *and the Quest for the Ultimate Theory*. New York: W. W. Norton, 2003.

———. *The Fabric of the Cosmos: Space, Time, and the Texture of Reality*. New York: Knopf, 2004.

Gribbin, *John. Alone in the Universe*: *Why Our Planet Is Unique*. London: Wiley, 2011.

———. *In Search of the Big Bang*. London: Bantam, 1986.

———. *The Origins of the Future: Ten Questions for the Next Ten Years*. New Haven: Yale University Press, 2006.

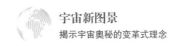

Grinnell, Frederick. *Everyday Practice of Science: Where Intuition and Passion Meet Objectivity and Logic*. Oxford: Oxford University Press, 2009.

Hawking, Stephen. *A Brief History of Time: From the Big Bang to Black Holes*. London: Bantam, 1988.

Hawking, Stephen. *The Universe in a Nutshell*. London: Bantam, 2001.

Hellman, Hal. *Great Feuds in Science: Ten Disputes That Shaped the World*. New York: Barnes and Noble, 1998.

Holmes, Richard. *The Age of Wonder: How the Romantic Generation Discovered the Beauty and Terror of Science*. London: Pantheon, 2009.

Huth, John Edward. *The Lost Art of Finding Our Way*. Cambridge, MA: Harvard University Press, 2013.

Jaywardhana, Ray. *Strange New Worlds: The Search for Alien Planets and Life Beyond Our Solar System*. Princeton: Princeton University Press, 2011.

Kanas, Nick. *Star Maps: History, Artistry and Cartography*. London: Praxis, 2007.

Kirshner, Robert P. *The Extravagant Universe: Exploding Stars, Dark Energy, and the Accelerating Cosmos*. Princeton: Princeton University Press, 2004.

Kragh, Helge. *Conceptions of Cosmos: From Myths to the Accelerating Universe— A History of Cosmology*. Oxford: Oxford University Press, 2007.

———. *Cosmology and Controversy: The Historical Development of Two Theories of the Universe*. Princeton: Princeton University Press, 1996.

Krauss, Lawrence. *A Universe from Nothing: Why There Is Something Rather than Nothing*. New York: Atria Books, 2012.

Kuhn, Thomas S. *Essential Tension: Selected Studies in Scientific Tradition and Change*. Chicago: University of Chicago Press, 1977.

———. *The Structure of Scientific Revolutions*. Chicago: University of Chicago Press, 1962.

Levenson, Thomas. *Einstein in Berlin*. New York: Bantam, 2003.

Levin, Janna. *How the Universe Got Its Spots: Diary of a Finite Time in a Finite Space*. Princeton: Princeton University Press, 2002.

Liddle, Andrew, and Jon Loveday. *The Oxford Companion to Cosmology*. Oxford: Oxford University Press, 2008.

Lightman, Alan. *The Accidental Universe: The World You Thought You Knew*. New York: Corsair, 2013.

———. *The Discoveries: Great Breakthroughs in 20th-Century Science, Including the Original Papers*. New York: Pantheon, 2005.

———. *Einstein's Dreams*. New York: Pantheon, 1993.

Lightman, Alan, and Roberta Brawer. *Origins: The Lives and Worlds of Modern Cosmologists. Cambridge*, MA: Harvard University Press, 1990.

Livio, Mario. *The Accelerating Universe: Infinite Expansion, the Cosmological Constant, and the Beauty of the Cosmos*. New York: Wiley, 2000.

———. *Brilliant Blunders: From Darwin to Einstein—Colossal Mistakes by Great Scientists That Changed Our Understanding of Life and*

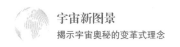

the Universe. New York: Simon and Schuster, 2013.

Mather, John C., and John Boslough. *The Very First Light: The True Inside Story of the Scientific Journey Back to the Dawn of the Universe.* New York: Basic Books, 2008.

Mazlish, Bruce. *The Uncertain Sciences.* New Haven: Yale University Press, 1998.

Miller, Arthur I. *Empire of the Stars: Obsession, Friendship, and Betrayal in the Quest for Black Holes.* Boston: Houghton Mifflin, 2005.

Munitz, Milton K., ed. *Theories of the Universe: From Babylonian Myth to Modern Science.* New York: Free Press, 1957.

North, John. *Cosmos: An Illustrated History of Astronomy and Cosmology.* Chicago: University of Chicago Press, 2008.

Ohanian, Hans C. *Einstein's Mistakes: The Human Failings of Genius.* New York: W. W. Norton, 2008.

Ostriker, Jeremiah P., and Simon Mitton. *Heart of Darkness: Unraveling the Mysteries of the Invisible Universe.* Princeton: Princeton University Press, 2013.

Panek, Richard. *The 4% Universe: Dark Matter, Dark Energy, and the Race to Discover the Rest of Reality.* New York: Mariner Books, 2011.

Popper, Karl. *The Logic of Scientific Discovery.* 2nd ed. New York: Routledge,2002.

Price, Derek J. de Solla. *Little Science, Big Science.* New York: Columbia University Press, 1963.

Primack, Joel R., and Nancy Ellen Abrams. *The View from the Center of the Universe: Discovering Our Extraordinary Place in the Cosmos*. New York: Riverhead, 2006.

Randall, Lisa. *Knocking on Heaven's Door: How Physics and Scientific Thinking Illuminate the Universe and the Modern World*. New York: Ecco, 2011.

Rees, Martin J. *Before the Beginning: Our Universe and Others*. New York: Perseus Books, 1997.

——. *Just Six Numbers: The Deep Forces That Shape the Universe*. New York: Basic Books, 2000.

——. *Our Cosmic Habitat*. London: Phoenix, 2002.

Scharf, Caleb. *The Copernicus Complex: Our Cosmic Significance in a Universe of Planets and Probabilities*. New York: Farrar, Strauss and Giroux, 2014.

——. *Gravity's Engines: How Bubble-Blowing Black Holes Rule Galaxies, Stars, and Life in the Cosmos*. New York: Farrar, Strauss and Giroux, 2012.

Shapin, Steven. *The Scientific Revolution*. Chicago: University of Chicago Press, 1996.

Shostak, Seth. *Confessions of an Alien Hunter: A Scientist's Search for Extraterrestrial Intelligence*. New York: National Geographic, 2009.

Silk, Joseph. *The Big Bang*. New York: W. H. Freeman, 2000.

——. *The Infinite Cosmos: Questions from the Frontiers of Cosmology*. Oxford: Oxford University Press, 2006.

Silvers, Robert B. *Hidden Histories of Science*. London: Granta, 1995.

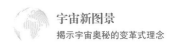

Smolin, Lee. *The Life of the Cosmos*. Oxford: Oxford University Press, 1997.

———. *The Trouble with Physics: The Rise of String Theory, the Fall of a Science, and What Comes Next*. Cambridge, MA: Houghton Mifflin, 2006.

Sobel, Dava. *Galileo's Daughter: A Historical Memoir of Science, Faith, and Love*. New York: Walker Books, 2000.

———. *A More Perfect Heaven: How Copernicus Revolutionised the Cosmos*. New York: Walker Books, 2011.

Tegmark, Max. *Our Mathematical Universe: My Quest for the Ultimate Nature of Reality*. New York: Vintage, 2015.

Thorne, Kip S. *The Science of "Interstellar."* New York: W. W. Norton, 2014.

Tyson, Neil deGrasse. *Death by Black Hole: And Other Cosmic Quandries*. New York: W. W. Norton, 2007.

Tyson, Neil deGrasse, and Donald Goldsmith. *Origins: Fourteen Billion Years of Cosmic Evolution*. New York: W. W. Norton, 2004.

Wilford, John Noble. *The Mapmakers*. New York: Vintage, 2000.

致谢

对于那些变革性的科学理念，以及它们在三大洲为各种人、各地方所接受的途径，我长期以来一直心存好奇，而此书的缘起即得益于这种好奇心。我很幸运地参与到许多独特的、振奋人心的学术环境中，从而塑造了我作为一名物理学家和作者的世界观。而我自己作为一名科学工作者的生活包括形成、面对和检验新理念，而这种生活对我提出了挑战，需要不断增强自己对于现代天文学中的那些变革性理念的进展的想法。

着手写这本书的动力起始于梅格·雅各布的热情鼓励。为耶鲁大学的专栏项目和《纽约书评》撰稿使我有了为更广泛的读者写作的机会。为此，我非常感激凯蒂·奥伦斯坦、马克·利拉和鲍勃·西尔弗斯。我深深感激来自我的社会交往中的许多朋友给予的鼓励，其中有耶鲁大学、拉德克利夫高级研究学院 40 Concord 工作室、位于意大利贝拉吉欧的洛克菲勒中心、剑桥大学、麻省理工学院和哈佛大学。多年以来，与马丁·里斯、伊芙琳·福克斯·凯勒、阿马尼亚·森、罗斯·莱默尔、理查德·福尔摩斯、格坦伽利·辛格·钱德、纳扬·钱德、乌尔米·柏米克、苏珊·法吕迪、布鲁斯·马兹

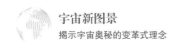

利什、欧文·金格里奇、南希·考特、戴维·凯瑟、丽贝卡·戈德斯坦、苏普拉提克·博斯、约翰·胡斯、艾伦·莱特曼、布莱恩·格林、马里奥·利维奥、吉什·詹、盖尔·马祖尔、皮拉尔·帕拉西亚、朱迪思·维西尼亚克和彼得·特拉滕伯格的交谈都给我带来了灵感和影响。3位值得信赖的朋友艾米·巴杰、沃利·吉尔伯特和盖尔·贝尔施泰因在我撰写本书期间都愿意花时间来帮助我。他们一丝不苟地阅读每个单词，并提出了独到的建设性评论。我对他们致以最由衷的谢意。如果没有安德里亚·沃尔普的支持，本书是不可能最终成形的。我无法想象，假如没有她内行的指导和不断为我加油，我怎么可能应付得了。我在耶鲁大学出版社的编辑约瑟夫·克拉米亚和让·汤姆森·布莱克在我撰写过程中的每一步都给予了高明的建议。与耶鲁大学出版社团队合作是一件乐事，这个极为高效而热情的团队包括：山姆·奥斯特洛夫斯基、朱莉安娜·弗罗格特、玛格丽特·奥特泽尔、詹姆斯·约翰逊、詹妮弗·多尔和莫林·努南。凯西·里德精湛地制作了本书中的许多图表和插图，并设计了令人叹为观止的封面。耶鲁大学的斯特林地图室和拜内克古籍善本图书馆都是极为宝贵的资源，不仅为我撰写本书提供了大量的资料，也给予我构思和写作时沉思的场所。最后我还要感谢我的家人，他们一如既往的无条件的支持给了我信心和力量。